Winfried Koch   Gerhard Karl Wolf

# Klinische Forschung

Hinweise und Checkliste für die Planung
von therapeutischen Studien

Unter Mitarbeit von
Gerd Gammel, Manfred Glocke,
Jürgen Köster, Helmut Sayn
und Hermann Wiemann

Mit einem Geleitwort von Norbert Victor

Springer-Verlag Berlin Heidelberg New York
London Paris Tokyo

Dr. rer. nat. Winfried Koch
Dipl.-Mathematiker
Leiter der Hauptabteilung
Informatik/Biometrie
Knoll AG
6700 Ludwigshafen

Priv.-Doz. Dr. med habil.
Gerhard Karl Wolf
Arzt/Medizinische Informatik, Dipl. Psych.
Medizinische Biometrie
(Zert. GMDS und IBG)
Marktplatz 6
6900 Heidelberg

*Mitarbeiter:*
Gerd Gammel
Manfred Glocke
Jürgen Köster
Helmut Sayn
Hermann Wiemann

Pharmaberatungsgesellschaft mbH, Kronberg
Boehringer Mannheim GmbH
Boehringer Ingelheim KG
Behringwerke AG, Marburg
Merck, Darmstadt

ISBN-13: 978-3-540-50936-3    e-ISBN-13: 978-3-642-74598-0
DOI: 10.1007/ 978-3-642-74598-0

CIP-Titelaufnahme der Deutschen Bibliothek
Koch, Winfried: Klinische Forschung : Hinweise und Checkliste für die Planung von therapeutischen Studien / Winfried Koch ; Gerhard Karl Wolf. Unter Mitarb. von: Gerd Gammel ... Mit e. Geleitw. von Norbert Victor. - Berlin ; Heidelberg ; New York ; London ; Paris ; Tokyo : Springer, 1989

NE: Wolf, Gerhard Karl:

Dieses Werk ist urheberrechtlich geschützt. Die dadurch begründeten Rechte, insbesondere der Übersetzung, des Nachdrucks, des Vortrags, der Entnahme von Abbildungen und Tabellen, der Funksendung, der Mikroverfilmung oder der Vervielfältigung auf anderen Wegen und der Speicherung in Datenverarbeitungsanlagen, bleiben, auch bei nur auszugsweiser Verwertung, vorbehalten. Eine Vervielfältigung dieses Werkes oder von Teilen dieses Werkes ist auch im Einzelfall nur in den Grenzen der gesetzlichen Bestimmungen des Urheberrechtsgesetzes der Bundesrepublik Deutschland vom 9. September 1965 in der Fassung vom 24. Juni 1985 zulässig. Sie ist grundsätzlich vergütungspflichtig. Zuwiderhandlungen unterliegen den Strafbestimmungen des Urheberrechtsgesetzes.

© Springer-Verlag Berlin Heidelberg 1989

Die Wiedergabe von Gebrauchsnamen, Handelsnamen, Warenbezeichnungen usw. in diesem Werk berechtigt auch ohne besondere Kennzeichnung nicht zu der Annahme, daß solche Namen im Sinne der Warenzeichen- und Markenschutz-Gesetzgebung als frei zu betrachten wären und daher von jedermann benutzt werden dürften.

Produkthaftung: Für Angaben über Dosierungsanweisungen und Applikationsformen kann vom Verlag keine Gewähr übernommen werden. Derartige Angaben müssen vom jeweiligen Anwender im Einzelfall anhand anderer Literaturstellen auf ihre Richtigkeit überprüft werden.

Satz-, Druck- und Bindearbeiten: Appl, Wemding
2125/3145-543210 - Gedruckt auf säurefreiem Papier

# Geleitwort

Trotz weitgehender Einmütigkeit unter Biometrikern über die Grundsätze klinischer Prüfungen existiert eine Vielzahl entsprechender Richtlinien und Empfehlungen von offiziellen, inoffiziellen, nationalen und internationalen Gremien; obwohl in den Kernpunkten ähnlich, differieren diese in zahlreichen Details und widersprechen sich in Einzelfällen sogar. Letzteres ist nicht verwunderlich, da diese Regelungen unterschiedliche Ziele und Zielgruppen haben. Eine beliebige Vermehrung derartiger Richtlinien ist jedoch keinesfalls begrüßenswert, weil sie nicht nur Unterstützung, sondern auch Beschränkung für die Therapieforschung bewirken können. Das Verbindlichwerden der EG-Richtlinien für die Durchführung klinischer Prüfungen im Jahre 1992 soll hier zur Vereinheitlichung beitragen; nachgeordnete nationale Regelungen - wie sie für die Bundesrepublik mit den „Grundsätzen für die ordnungsgemäße Durchführung der klinischen Prüfung von Arzneimitteln" vorliegen - können den nationalen Besonderheiten der medizinischen Tradition, des Standards der medizinischen Ausbildung und der medizinischen Ethik Rechnung tragen.

Wichtig bei der Erarbeitung derartiger Empfehlungen ist die Beachtung der Konsistenz mit übergeordneten Regelungen, gleich, ob es sich um Papiere offizieller oder halboffizieller Gremien handelt und ob diese bindenden Charakter haben oder nicht. Die Autoren müssen sich der Gefahren straffer Regulierung stets bewußt sein:

- Die Aufgabe von Richtlinien ist es, zu informieren, anzuleiten und zu unterstützen; sie dürfen wissenschaftliche Freiheit, Innovation und neue Ideen nicht behindern.
- Die Gefahr ihres Mißbrauchs zur Einflußnahme auf die Therapieforschung aus nichtmedizinischen Interessen (politisch, ökonomisch etc.) muß stets gesehen werden.

– Zur Vermeidung von Mißverständnissen ist solchen Papieren stets voranzustellen, für welche Zwecke und Zielgruppe sie geschaffen wurden (Zulassungsbehörde, Arzneimittelhersteller, Therapieforscher).

Bei der Lektüre der vorliegenden Hinweisliste habe ich den Eindruck gewonnen, daß die Autoren sich von diesen Gesichtspunkten leiten ließen. Zielgruppe sind die mit der biometrischen Planung klinischer Prüfungen befaßten Therapieforscher und Biometriker. Hauptziel ist, Erfahrungen von Experten an weniger Erfahrene weiterzugeben; daneben soll die Checkliste vor dem Übersehen wichtiger Details in der täglichen Routine schützen, wogegen auch der erfahrene klinische Prüfer nie gefeit ist.

Es ist besonders zu begrüßen, daß – obwohl nicht als Regulierung, sondern als Hilfestellung gedacht – die Autoren die Kompatibilität ihrer Empfehlungen mit dem Memorandum zur Planung und Durchführung kontrollierter klinischer Therapiestudien der Gesellschaft für Medizinische Informatik und Statistik (GMDS) (Anforderungskatalog der zuständigen wissenschaftlichen Fachgesellschaft) und den auf diesem Memorandum basierenden oben erwähnten Grundsätzen des Bundesministers für Jugend, Familie, Frauen und Gesundheit beachtet haben.

Der Erfolg klinischer Prüfungen hängt von vielen Details der Organisation, Planung und Durchführung und von der Sorgfalt bei der Beachtung dieser Details ab. Für den Erfolg genügen deshalb nicht fundierte Kenntnisse der Versuchsplanung, der statistischen Methodik und der Wirkmechanismen der zu prüfenden Stoffe, sondern es ist auch viel mühsame Kleinarbeit nötig. Die vorliegende Liste soll dem Therapieforscher die vielen, stupiden, sich stets wiederholenden und mühevollen Arbeitsschritte erleichtern. Für das Zusammentragen all dieser Details in so übersichtlicher Form ist den Autoren nachdrücklich zu danken. Die Benutzung ihrer Liste kann sowohl Anfängern für ihre ersten Schritte in das schwierige Gebiet der klinischen Prüfungen als auch „alten Hasen" zur Erleichterung ihrer Routinearbeit empfohlen werden.

*Professor Dr. Norbert Victor*
(Direktor des Instituts für Medizinische Biometrie und Informatik der Universität Heidelberg,
Leiter der AG „Therapieforschung" der GMDS)

# Inhaltsverzeichnis

Einleitung . . . . . . . . . . . . . . . . . . . . . . . . . . . 1

Hinweise für die Planung von therapeutischen Studien . . . . . 4

1 Titel des Prüfplans . . . . . . . . . . . . . . . . . . . . . 5
2 Einleitung und Zielsetzung . . . . . . . . . . . . . . . . . 6
3 Fragestellung . . . . . . . . . . . . . . . . . . . . . . . 9
4 Patienten . . . . . . . . . . . . . . . . . . . . . . . . . 11
5 Prüfdesign . . . . . . . . . . . . . . . . . . . . . . . . 14
6 Prüfpräparate . . . . . . . . . . . . . . . . . . . . . . . 20
7 Prüfungsablauf . . . . . . . . . . . . . . . . . . . . . . 22
8 Meßgrößen und Meßmethoden . . . . . . . . . . . . . . . 25
9 Besondere Beobachtungen und Maßnahmen . . . . . . . . 31
10 Auswertungsplan und Anzahlschätzung . . . . . . . . . . 34
11 Organisation . . . . . . . . . . . . . . . . . . . . . . . 40

Literatur . . . . . . . . . . . . . . . . . . . . . . . . . . . 43

Anhang A: Deklaration von Helsinki, revidierte Fassung von 1983 . . . . . . . . . . . . . . . . . . . . . . . . . . . 45

Anhang B: Grundsätze für die ordnungsgemäße Durchführung der klinischen Prüfung von Arzneimitteln . . . 50

Anhang C: Randomisationstechniken . . . . . . . . . . . . . 56

Anhang D: Checkliste für die Planung von therapeutischen Studien . . . . . . . . . . . . . . . . . . . . 61

# Einleitung

Klinische Forschung hat als Forschung am kranken Menschen besonders hohen ethischen Anforderungen zu genügen. Dementsprechend hat der Weltärztebund bereits 1964 die sog. „Deklaration von Helsinki" beschlossen. Sie wurde revidiert in Tokyo 1975 und in Venedig 1983. Eine der dort beschlossenen Forderungen ist die Erstellung eines Prüfplanes vor der Durchführung einer Forschungsstudie am Menschen. Die Arzneimittelgesetze der verschiedenen Länder gestalten diese ethische Pflicht zu einer Rechtsnorm aus, z. B. verlangt das deutsche Arzneimittelgesetz (AMG) die Einhaltung bestimmter Minimalstandards und die Meldung der Studie beim zuständigen Regierungspräsidium.

Dieses Buch will bei der Erstellung eines solchen Prüfplanes helfen. Es beschreibt die Punkte, die man dabei berücksichtigen muß. Das gilt für jede Art neuer therapeutischer Methoden, seien sie nun medikamentöser oder anderer Art. Wenn in diesem Buch häufig von Arzneimitteln die Rede ist, so v. a. deshalb, weil auf diesem Gebiet gesetzliche Regelungen bestehen. Statt „Arzneimittel" könnte also auch „Therapieform" stehen; darüber hinaus gilt die dargestellte Prüfungsmethodologie grundsätzlich auch für jede klinische oder prophylaktische Intervention.

Mediziner, Pharmazeuten und Psychologen müssen auf die hier dargestellte Information in der einen oder anderen Form zurückgreifen, angefangen bei Diplom- und Doktorarbeiten bis hin zu großen multizentrisch angelegten Forschungsvorhaben. Auch wer kein Studienleiter im Sinne des AMG ist, braucht Grundinformation, die ihm hilft, bei der Studienplanung die Übersicht zu behalten. Für den Gebrauch des Buches ist sowohl statistisches Grundwissen als auch Erfahrung auf dem jeweiligen klinischen Forschungsgebiet und mit klinischen Handlungsweisen Voraussetzung. Das Buch ersetzt auch nicht die in jedem Falle wichtige Kooperation zwischen Mediziner (Kliniker) und Medizinischem Biometriker.

Die kurze Checkliste im Anhang gibt Überschriften und Schlagworte eines Versuchsplanes an; im vorangehenden Textteil wird mit detaillierten Erläuterungen zu dieser Checkliste hingeführt. Alle erwähnten Gesichtspunkte sollten bei einer Studienplanung bedacht werden. Von den Grundüberlegungen bis zur Ausgestaltung eines endgültigen Planes ist es häufig ein langer Weg. Die erwähnten Beispiele sollen dabei die Phantasie unterstützen, können aber in diesem dynamischen Forschungsgebiet niemals vollständig sein. Die Kreativität des Forschenden zeigt sich sowohl in der originellen Gestaltung der einzelnen Prüfplanpunkte als auch in der Abstimmung der verschiedenen Teile des Versuchsplanes aufeinander, von der der Erfolg eines Prüfungsvorhabens entscheidend abhängt.

Nun sollten wir aber entscheiden zwischen Such- und Entscheidungsexperimenten. Die vollständige Checkliste gilt für Entscheidungsexperimente. Suchexperimente können z. B. als Pilotstudie für einen Entscheidungsversuch dienen. Dabei können die unterschiedlichsten Fragestellungen bearbeitet werden, und dementsprechend muß das vollständige, hier wiedergegebene Schema in modifizierter und ggf. auch gekürzter Form angewendet werden.

Die Checkliste gibt den derzeitigen Stand der Forschung, wie er in den großen pharmazeutischen Firmen erreicht ist, wieder. Bei der Planung von klinischen Prüfungen besteht eine langjährige Tradition der Zusammenarbeit zwischen substanzwissenschaftlich orientierten Medizinern und methodenorientierten Medizinischen Biometrikern. Zumeist ist der Substanzwissenschaftler federführend bei der Erstellung des Prüfplans. Der Biometriker liefert stets die Beiträge betreffend der Schätzung der Anzahl erforderlicher Patienten und der Festlegung der statistischen Methode für die spätere Auswertung. Bei einer vertrauensvollen Zusammenarbeit wird darüber hinaus gemeinsam das Prüfdesign, die Randomisation und die mögliche Zwischenauswertung festgelegt. Der Substanzwissenschaftler darf dabei nie das eigentliche Ziel des Nutzens für den Patienten aus den Augen verlieren; der Biometriker muß Wege finden, wenn nötig das scheinbar Unauswertbare auswertbar zu machen.

Die vielfältige Erfahrung mit diesem Vorgehen beschränkt sich nicht nur auf die der Autoren. Sie haben diese Liste zahlreichen Forschenden zur Verfügung gestellt und sich deren Gesichtspunkte zu eigen gemacht. Sie haben besonderen Wert darauf gelegt, die „Grundsätze für die ordnungsgemäße Durchführung der klinischen Prüfung von Arzneimitteln" zu berücksichtigen. Mit der hier vorliegenden, um zahlreiche Anregungen erweiterten und ergänzten Fassung möchten die Autoren ihr Wissen einem breiteren Publikum zugänglich machen.

Die Autoren danken Herrn Prof. Dr. med. K. J. Hahn (Knoll AG, Ludwigshafen), Herrn Dr. E. Hartmann (Schering, Berlin) sowie Mitarbeitern der Arbeitsgruppe „Chemisch-pharmazeutische Forschung" für zahlreiche Hinweise und Verbesserungsvorschläge.

# Hinweise für die Planung von therapeutischen Prüfungen

Bei der Planung einer klinischen Prüfung steht das Wohl des einzelnen Patienten höher als das wissenschaftliche Ziel der Prüfung. Ethische, medizinische und biometrische Gesichtspunkte müssen daher jedesmal neu in Einklang gebracht werden; in jedem Falle müssen grundsätzliche ethische Standards, wie sie z.B. in der Deklaration von Helsinki von 1964 (rev. Fassung 1983, vgl. Anhang A) formuliert sind, eingehalten werden.

# 1 Titel des Prüfplans

Der Titel sollte das Thema kurz, aber so spezifisch beschreiben, daß eine Unterscheidung zwischen mehreren Studien zum gleichen Präparat (und evtl. zur gleichen Indikation) möglich ist. Spezifizierende Kriterien sind z. B. Indikation, Phase, Prüfdesign, galenische Form, Dosierung etc.

# 2 Einleitung und Zielsetzung

## 2.1 Zielsetzung (im Rahmen der Projektentwicklung)

a) Welchem Ziel dient die Prüfung?[1]

z. B.:
- Dosisfindung: Optimale Tagesdosis und optimale Verteilung über den Tag, maximal tolerierbare Dosis,
- Prüfung der Wirksamkeit des Prüfpräparates,
- Nachweis eines Dosis-Wirkungs-Beziehung,
- Prüfung der Unbedenklichkeit des Prüfpräparates,
- Untersuchung einer Wechselwirkung,
- Nachweis der therapeutischen Überlegenheit oder Äquivalenz gegenüber einer Therapiealternative (Verum, Positivkontrolle),
- Auffinden einer Differentialindikation.

b) Wie ist die Zielsetzung vor dem Hintergrund früherer und weiterer beabsichtigter Prüfungen zu diesem Präparat zu sehen?

c) Welche Zulassungsanforderungen sind zu beachten?

d) Welche Konsequenzen ergeben sich, wenn das Prüfungsziel nicht erreicht wird (z. B. Änderung der Dosierung, der Indikation, der Kontraindikation, Nichtzulassung des Präparates etc.)?

---

[1] Kinetikstudien werden hier nicht erwähnt, da auch im folgenden nicht auf deren spezifische methodische Probleme eingegangen wird.

## 2.2 Begründung und relevantes Vorwissen

a) Derzeitigen Kenntnisstand über die zu behandelnde Krankheit und die therapeutische Praxis berücksichtigen (z. B. Ätiologie, Pathogenese, Spontanverlauf, Prognose, Therapiemöglichkeiten, Erfolgsraten) und die Begründung der Studie aus dem möglichen Beitrag für die Behandlung zukünftiger Patienten ableiten.

b) Ergebnisse, noch zu prüfende Hypothesen und Erfahrungen aus den bisher durchgeführten Studien mit dem Prüfpräparat berücksichtigen; angestrebte wissenschaftliche Erkenntnisse aus der aktuellen Studie sowie mögliche Konsequenzen für die Therapie diskutieren.

c) Die erforderlichen präklinischen Versuche müssen durchgeführt worden sein; die Ergebnisse sind zu berücksichtigen.

d) Quellenverzeichnis der verwendeten bibliographischen und historischen Informationen anlegen.

e) Zum Test der Praktikabilität der Prüfungsunterlagen: Pilotstudie in Erwägung ziehen.

## 2.3 Charakterisierung der Prüfsubstanzen

a) Therapeutisches Gesamtprofil der zu vergleichenden Prüfpräparate ggf. einschließlich Wirkmechanismus darstellen.

b) Dosierung und Therapieerfolg in früheren Studien, insbesondere auch Dosisfindungsstudien, berücksichtigen; bei Handelspräparaten Angaben in der Roten Liste bzw. Verordnungspraxis berücksichtigen.

c) Falls möglich, statistische Kenngrößen für Halbwertszeiten der Elimination im Hinblick auf die Planung von Washout-Perioden angeben.

d) Bekannte Interaktionen mit Begleitmedikationen darstellen.

e) Vermeiden, daß durch ungleichen Informationsstand über die zu vergleichenden Präparate ein Bias entsteht, z. B. hinsichtlich

Ein-/Ausschlußkriterien, Wahl der Dosierung, Wahl der Meßzeitpunkte nach Einnahme oder Wahl der Behandlungsdauer.

# 3 Fragestellung

## 3.1 Indikation

a) In Anknüpfung an Punkt 2.1 die wichtigen Fragen, die in dieser Studie beantwortet werden sollen, formulieren:
   - Hauptfragestellung(en),
   - weitere Fragestellungen,
   - Fragestellungen betreffend bestimmte Untergruppen.

b) Indikation sowie Prüfpräparate mit Dosierung angeben.

c) Aus der Fragestellung leiten sich die zu prüfenden statistischen Hypothesen ab; z.B. bei der Formulierung beachten, ob später auf Unterschied oder Äquivalenz, einseitig oder zweiseitig getestet werden soll.

d) Auf der Basis der konfirmatorischen Datenanalyse können nur wenige Fragestellungen in einer Prüfung beantwortet werden, weil sonst die statistische Unsicherheit zu stark anwächst.

## 3.2 Zielgröße(n): Kriterien für den Prüfungserfolg

a) Diejenige Prüfgröße, welche als Maß für den Präparateffekt den größten klinischen Informationsgehalt zur Beantwortung der Fragestellung besitzt, als primäre Zielgröße für eine konfirmatorische Analyse auszeichnen.

b) Multiple Zielgrößen in der Reihenfolge des klinischen Informationsgehaltes angeben.

c) Beispiele für mögliche Zielgrößen sind:
   - Veränderung eines klinisch relevanten Merkmals unter der Therapie (z.B. eines Symptoms, einer physiologischen oder klinisch-chemischen Meßgröße etc.),
   - Zeitdauer bis zum Eintritt eines klinisch relevanten Ereignisses (z.B. Tod, Re-Infarkt, Infektion, Abstoßungsreaktion),
   - Verbrauch von schmerzlindernder Medikation (Minderung),
   - Angaben zur Lebensqualität anhand eines validierten Verfahrens,
   - aus primären Größen errechnete Kenngrößen für einen beobachteten Verlauf.

d) Genaue Kriterien für den Prüfungserfolg beim einzelnen Patienten formulieren; hierbei absoluten Ausgangswert und Änderung der relevanten Zielgrößen beachten.

# 4 Patienten

## 4.1 Prüfstelle(n) und Anzahl der Patienten

a) Angaben zur Methodik der Ziehung von Zentren, Prüfern und Patienten im Hinblick auf die beabsichtigte Verallgemeinerung der Ergebnisse dokumentieren; Anzahl der Zentren und Anzahl der Patienten pro Zentrum angeben.

b) Rekrutierung der Patienten in einem festgelegten Zeitraum anstreben.

c) Durch multizentrische Studienanlage ist eine kürzere Rekrutierungszeit erreichbar und eine größere Repräsentanz der Stichprobe wahrscheinlich (aber erhöhten Planungsaufwand gemäß 8.2, S. 26 beachten!).

d) Beteiligte Prüfzentren (Ort und Art der Einrichtung) benennen; Zufallsauswahl von Prüfzentren in Betracht ziehen.

e) Bei multizentrischen Studien vergleichbare Anzahlen von Patienten pro Prüfstelle anstreben; minimale Patientenzahl festlegen, die in jedem Zentrum erreicht werden muß.

## 4.2 Einschlußkriterien

Hierüber wird die Patientenpopulation definiert, welche potentiell mit dem Ziel der Studie vereinbar ist.

a) Für jeden Patienten Vorliegen der Indikation sicherstellen, bei der die Prüfmedikation untersucht werden soll; Untersuchungsmethoden und diagnostische Kriterien angeben.

b) Bei Vergleich mit Grenzwerten intraindividuelle Variabilität beachten, ggf. Messungen an verschiedenen Untersuchungstagen durchführen.

c) Bias durch Überhang- oder Selektionseffekt der Vorbehandlung vermeiden.

d) Stationarität des Krankheitszustandes erleichtert die Beurteilung des Therapieerfolges bei chronischen Erkrankungen; das ist insbesondere wichtig bei Cross-over-Studien.

e) Nur Patienten einschließen, bei denen sich der Therapieerfolg hinsichtlich der Zielgrößen auch entsprechend der Erwartung auswirken kann; also z.B. Mindestabstand zwischen Ausgangswert und Grenze des Referenzbereiches ausreichend groß festlegen.

**4.3 Ausschlußkriterien**

Aus gesetzlichen, medizinischen, ethischen und/oder versuchstechnischen Gründen werden Patienten von der beabsichtigten Stichprobe ausgeschlossen:

a) Wenn Patienten nach Aufklärung über die beabsichtigte Studie nicht teilnahmebereit sind oder wenn ihre Bereitschaft für die Mitarbeit über die vorgesehene Zeitspanne bezweifelt werden muß.

b) Bei Vorliegen von Kontraindikationen für eines der Prüfpräparate (evtl. pro Prüfpräparat separat auflisten).

c) Bei Vorliegen besonderer Risiken (z.B. Schwangerschaft und Stillzeit, vgl. Anhang B, Abschnitt 3.2).

d) Bei erforderlicher Behandlung mit Begleitmedikationen, wenn die Gefahr einer relevanten Interaktion oder einer Vermengung von Behandlungseffekten zu befürchten ist.

e) In kontrollierten randomisierten Studien sind Patienten auszuschließen, die eines der Prüfpräparate aufgrund einer anderen Indikation dringend benötigen.

f) Teilnahme an anderen Studien.

g) Gegebenenfalls Erwartung eines stark progredienten Verlaufs oder spontaner rascher Heilung oder Besserung.

### 4.4 Aufklärung und Einwilligung

Der Patient erwartet von seinem Arzt die bestmögliche Behandlung; er muß daher über zusätzliche Belastungen und Risiken, die durch die Teilnahme an der Studie für ihn entstehen, sowie über Wesen, Bedeutung und Tragweite der Prüfung vollständig informiert werden und freiwillig sein Einverständnis erklären. Für die genaue Durchführung ist das jeweilige Arzneimittelgesetz (z. B. AMG §§ 40, 41; vgl. Anhang B, Abschnitt 3.3) und insbesondere die Deklaration des Weltärztebundes von Helsinki zu beachten (s. Anhang A). Die ordnungsgemäße Durchführung der Aufklärung sollte für jeden Patienten dokumentiert werden.

### 4.5 Patientenversicherung

Für alle Teilnehmer an der klinischen Prüfung ist eine Versicherung in der BRD gemäß § 40 (1) Nr. 8 und (3) AMG abzuschließen.

### 4.6 Ethisches Komitee

Erfordernis der Einschaltung eines ethischen Komitees ist in der Muster-Berufsordnung für Ärzte zwingend vorgeschrieben. Es ist zu erwarten, daß alle Landesärztekammern einen derartigen Passus in ihre Berufsordnungen übernehmen.

# 5 Prüfdesign

## 5.1 Versuchsanlage als kontrollierte Prüfung

„Kontrolliert" wird definiert durch die Kriterien:

- vergleichende Versuchsanlage,
- Strukturgleichheit wird durch Randomisation (vgl. Anhang C „Randomisationstechniken") gestützt,
- Systematische Unterschiede zwischen den zu vergleichenden Stichproben in Behandlung, Beobachtung und Beurteilung werden durch Standardisierung und ggf. durch Blindbedingungen begrenzt.

### 5.1.1 Vergleichsbehandlung

Hierfür kommen in Betracht:

- Standardtherapien,
- neue, besonders aussichtsreiche (medikamentöse) Therapien,
- andere Tagesdosen oder Verteilungen der Tagesdosis des Prüfpräparates,
- Plazebo oder keine Therapie.

Die Festlegung der Vergleichsbehandlung muß im Einklang stehen mit der Zielsetzung und der Fragestellung der Studie.

a) Bei der kontrollierten Studie lassen sich die Unterschiede zwischen den zu vergleichenden Behandlungen unverzerrt schätzen und im Rahmen der konfirmatorischen statistischen Auswertung mit kalkulierbarer statistischer Sicherheit auf die Behandlungen zurückführen.

b) Für einen unverzerrten Nachweis von therapeutischer Wirksamkeit oder Überlegenheit ist in erster Linie ein simultaner Therapievergleich (Gruppenvergleich) in Betracht zu ziehen. Sofern der Einsatz des Cross-over-Designs sinnvoll und möglich ist, ist – bei ungefähr doppeltem Versuchs-„Aufwand" pro Patient – gegenüber dem Gruppenvergleich die Hälfte der Patienten oder weniger ausreichend.

c) Gesichtspunkte, die eher gegen eine Cross-over-Studie sprechen:

1. Wenn Zielgrößen oder versuchsbegleitende Größen nicht im „steady state" sind, z. B. bei akuten Krankheiten oder bei akuten Krisen chronischer Krankheiten,
2. wenn durch eine der Behandlungen eine Heilung der betreffenden Krankheit möglich ist,
3. wenn überdauernde Enzyminduktion möglich ist,
4. wenn behandlungsspezifische überdauernde Rebound-Effekte, „up"- oder „downregulations" möglich sind,
5. wenn mit im Vergleich zum möglichen Präparateffekt relevanten Trainings- oder Lerneffekten gerechnet werden muß,
6. wenn relevante, für die zu vergleichenden Präparate deutlich unterschiedliche Überhangeffekte zu erwarten sind, z. B. bei offener Prüfung gegen Plazebo,
7. wenn die intraindividuelle Variabilität der Zielgrößen nicht deutlich geringer ist als die interindividuelle Variabilität,
8. wenn die Annahme eines linearen Modells entsprechend der Cross-over-Versuchsanlage nicht zutrifft.

d) Der kontrollierte Auslaßversuch gegen Plazebo im Anschluß an eine Verumperiode ist besonders in folgenden Planungssituationen angezeigt:

– Es soll ein Nachweis der Wirksamkeit gegenüber Plazebo erbracht werden, aus ethischen Gründen muß die Dauer der Plazeboapplikation jedoch möglichst kurz sein.
– Für den Nachweis eines Langzeiteffektes und/oder zur Abklärung von unerwünschten Begleiterscheinungen am Ende einer nichtkontrollierten Beobachtungsstudie.

Die obigen Punkte c 1-c 5 sprechen auch gegen den Einsatz eines kontrollierten Auslaßversuches gegen Plazebo.

e) Das „matched-pairs-Design" kommt eher selten in Betracht. Es ist bei der praktischen Durchführung häufig schwierig, die Paare so zu komplettieren, daß die Vergleichbarkeit hinsichtlich der für relevant gehaltenen Merkmale im angestrebten Ausmaß gewährleistet ist.

f) Wenn die Entscheidung für ein Prüfdesign „schwerfällt" und mehrere Studien zu planen sind, ist es erwägenswert, die möglichen Alternativen auf diese Studien zu „verteilen".

g) Durch die Wahl der Versuchsanlage wird die Beobachtungs- und Auswertungseinheit festgelegt.

z. B.:
- „Patient" beim Gruppenvergleich,
- „Patientenperiode" beim Cross-over-Versuch,
- „Patientenseite" beim Halbseitenversuch, der in der Dermatologie eingesetzt wird.

*5.1.2 Schichtung*

a) Es ist üblich, eine Schichtung nach nicht zu kleinen Anzahlen aufeinanderfolgender Patienten sowie in multizentrischen Prüfungen nach Prüfzentren, Krankenhausstationen und behandelnden Ärzten usw. durchzuführen; pro Schicht wird i. allg. ein balancierter Randomisationsplan erstellt.

b) Eine simultane Balancierung nach *mehreren* (relevanten) prognostischen Faktoren ist z. B. nach Pocock (1983) mittels „Telefonrandomisation" (vgl. Anhang C „Randomisationstechniken") möglich und bei Studien mit nicht zu großen Patientenzahlen ($n < 50$ Patienten/Gruppe) am ehesten von Nutzen.

*5.1.3 Randomisation*

a) Zuteilung zu den Behandlungsgruppen gemäß Randomisationsplan ist im zeitlichen Ablauf der Studie möglichst spät durchzuführen; bei kontrollierten Nichtblindstudien erfolgt sie in jedem Falle *nach* der Entscheidung über die Aufnahme des Patienten in die Studie.

b) Randomisation ist im Verhältnis 2:1 oder 3:2 für die Stichprobengröße von „neuer" Medikation und Standard in Sonderfällen in Betracht zu ziehen.

c) Praktische Handhabung des Randomisationsverfahrens beschreiben, z.B. festlegen, wer zu welchem Zeitpunkt Randomisierungslisten und Dekodierungsbriefe erhält.

d) Konsequenzen einer Auswertung nach dem „Intention-to-treat"-Prinzip (=alle verfügbaren Patienten und Daten gemäß Randomisationsplan, nicht nach tatsächlich durchgeführter Behandlung, in die Auswertung einbeziehen) beachten.

*5.1.4 Blindbedingungen*

a) Art der Blindbedingungen (doppelblind, einfachblind) sowie erforderliche Maßnahmen und Konsequenzen (z.B. Doubledummy-Technik, s. Anhang „Randomisationstechniken") angeben; Zeitpunkt und Vorgehen für die Aufhebung der Blindbedingungen festlegen.

b) Kennt der Arzt die Zuteilung, z.B. zu den Behandlungen A und B, sind für ihn Blindbedingungen auch *dann nicht* gegeben, wenn er nicht weiß, was A und B im einzelnen ist.

c) Doppelblindstudienführung schützt vor Bias, der bedingt ist durch:
   - unterschiedliche Erwartungshaltung der Patienten,
   - unterschiedliche begleitende therapeutische Maßnahmen oder unterschiedliche Zuwendung,
   - unterschiedliche Messung, Bewertung und Beurteilung.

d) Liegt seitens des Prüfers der Wunsch vor, erfolgreich behandelte Patienten nach individuellem Studienabschluß mit der jeweiligen Studienmedikation offen weiterzubehandeln, muß eine mögliche Gefährdung der Blindbedingungen geprüft werden.

## 5.2 Nichtkontrollierte Prüfungsanlage

„Nichtkontrolliert" heißt, daß mindestens eine der Voraussetzungen in der Definition in 5.1 nicht erfüllt ist. Nichtkontrollierte Studien müssen u. U. unter folgenden Bedingungen in Betracht gezogen werden:

a) Wenn die statistische Prüfung eines Zusammenhangs zwischen beobachtetem Effekt und Behandlung nicht beabsichtigt ist:

- Wirksamkeit und Verträglichkeit sind ausreichend belegt; Ziel ist die Verbesserung der therapeutischen Anwendung in der Praxis.
- Es liegt keine vergleichende Fragestellung vor; das ist z. B. der Fall, wenn lediglich Prognosekriterien im explorativen Sinne erarbeitet werden sollen oder wenn eine reine Verlaufsbeobachtung angestrebt wird.
- Die erzielten Effekte sind klar überwiegend im Vergleich zu den sonstigen Einflußgrößen, z. B. bei Heilung von Krankheiten, die bisher als unheilbar galten.

b) Ein statistisch aufzeigbarer Zusammenhang wäre erwünscht, vielleicht sogar erforderlich, aber es bestehen ethische Bedenken oder praktische Schwierigkeiten:

- Anforderungen sind nicht vereinbar mit der Praxisroutine,
- die zu vergleichenden Behandlungen sind zu unterschiedlich (z. B. chirurgischer Eingriff und Pharmakotherapie),
- Aufwand ist nicht gerechtfertigt, z. B. bei Suche nach seltenen Nebenwirkungen oder der Prüfung der Verträglichkeit bei Langzeitapplikation.

c) Ein Zusammenhang kann aus anderen Informationen hergeleitet werden, z. B.:

- aus einer engen zeitlichen Korrelation zwischen medizinischer Intervention und dem beobachteten Effekt, z. B. Beobachtung einer allergischen Reaktion unmittelbar nach Beginn einer Infusion,

- aus einer pharmakodynamischen Korrelation innerhalb der Individuen mit dem Verlauf des Plasmaspiegels (Achtung Tagesrhythmik!).

d) Konsequenz für die Planung einer nichtkontrollierten Beobachtungsstudie:

   - Auf anderem Wege, soweit möglich, Vorsorge treffen, daß die Ergebnisse durch subjektive Einflüsse nicht verfälscht werden, z. B. durch 2 unabhängige Beurteiler.
   - Vergleich mit historischen Kontrollgruppen in Betracht ziehen.

# 6 Prüfpräparate

## 6.1 Medikation und Galenik

a) In der Prüfung einzusetzende Prüfpräparate (einschließlich Plazebo) aufführen mit Angaben zum Wirkstoffgehalt, zur Form, zum Aussehen, zur evtl. Erzeugung von Einfach- bzw. Doppelblindbedingungen und zur pharmazeutischen Qualität; Chargenbezeichnung zur eindeutigen Identifizierung angeben.

b) Bei Veränderungen der üblichen galenischen Form möglichen Einfluß auf die Bioverfügbarkeit berücksichtigen.

## 6.2 Dosierung und Applikation

a) Bei fixen Dosen Angaben zur Einzeldosis und Tagesdosis machen. Bei variablen Dosen ist der erlaubte Dosisbereich zu beschreiben.

b) Einnahmevorschriften und Applikationszeitpunkte angeben.

c) Ein Vergleich zwischen verschiedenen Präparaten ist bezüglich der eingesetzten Dosierung dann am ehesten überzeugend, wenn individuell pro Patient die optimale Dosis des jeweiligen Präparates gegeben wird.

## 6.3 Verpackung

a) Verpackung der Prüfmuster für einen Patienten: Bei ambulanten Patienten richtet sich die Packungsgröße und die bei einer Visite mitzugebende Prüfmustermenge nach den Zeitintervallen zwischen den Visiten. In der Regel ist eine kleine Reserve vorzusehen. Bei Prüfpräparaten mit Vergiftungspotential sind die Abgabemengen entsprechend festzulegen.

b) Beschriftung der Verpackungseinheiten (Behältnisse) erwähnen. Die gesetzlichen Vorschriften zur Kennzeichnung der Prüfmuster müssen beachtet werden (z. B. in der Bundesrepublik Deutschland Bezeichnung des Arzneimittels, Menge, Darreichungsform, Applikationsart, Chargenbezeichnung, Inhalt, Hinweis zur „klinischen Prüfung bestimmt", Hersteller).

c) Erwähnen, wie die Prüfmuster für Ersatzpatienten zur Verfügung gestellt werden (Nachlieferung von Prüfmustern für Ersatz von Drop-outs oder zusätzliche Prüfmuster mit fortlaufender Patientennummer).

d) Sichere eindeutige Zuordnung zwischen Nummer im Randomisationsplan, Patientennummer, Etikettierung, Verpackung und Prüfmuster gewährleisten.

e) Bei Blindbedingungen Dekodierungsbriefe an jeder Prüfstelle hinterlegen.

### 6.4 Aufbewahrung und Rückgabe

a) Hinweise geben, wie die Prüfmuster zu lagern sind (Temperatur, Feuchtigkeit, Lichteinwirkung), daß die Prüfmuster an der Prüfstelle sorgfältig aufbewahrt werden und die nicht verwendeten Prüfmuster zurückgegeben werden müssen; die Prüfmuster sollen identifizierbar bleiben.

b) Erwähnen, daß die Prüfmuster außerhalb der verabredeten Prüfung nicht verwendet werden dürfen (Patientenversicherung).

c) Rückgabe und Überprüfung der ungeöffneten Dekodierungsbriefe.

# 7 Prüfungsablauf

## 7.1 Prüfperioden

Eine Prüfperiode ist ein Intervall, in dem der Patient mit einer bestimmten Therapie behandelt wird; die Meß- und Beurteilungsdaten, die das in der Prüfperiode erzielte Therapieergebnis beschreiben, werden in den inter- bzw. intraindividuellen Vergleich zwischen den Behandlungen einbezogen.

a) Zeitlichen Ablauf nach Prüfperioden für die verschiedenen Gruppen darstellen. Wegen der Berücksichtigung des Wochenrhythmus ist ein Vielfaches von 7 Tagen für die Dauer von Prüfperioden empfehlenswert. In der Regel können nur Therapieergebnisse aus gleichlangen Prüfperioden verglichen werden.

b) Angeben, welche Abweichungen von der vorgesehenen Dauer der Prüfperioden zulässig sind.

c) Die Vorperiode dient zur Überprüfung der Einschluß- und Ausschlußkriterien sowie zur unverzerrten Schätzung der Ausgangswerte.

d) Die Dauer der Vorperiode muß ausreichend sein für eine sichere Beurteilbarkeit des Vorliegens der Indikation, der sonstigen Beschwerden des Patienten und der klinischen Symptomatik vor Therapiebeginn. Die Vormedikation sollte mindestens 5 Halbwertszeiten vor der Untersuchung am Ende der Vorperiode abgesetzt werden.

e) Prüfperioden ausreichender Dauer für das Erreichen des angestrebten Therapieerfolges einplanen.

f) Die Dauer der Washout-Perioden in Cross-over-Studien ist so zu planen, daß mögliche Überhangeffekte auf die nächste Therapieperiode vernachlässigbar sind; die Notwendigkeit für das Wiedererreichen des Ausgangswertes in den Washout-Perioden ist zu überlegen.

g) Die Nachbeobachtungsperiode kann bei nichtkontrollierten Studien Hinweise auf einen Zusammenhang von Behandlung und beobachtetem Effekt geben; aussagekräftiger ist aber ein kontrollierter Auslaßversuch gegen Plazebo.

## 7.2 Therapieplan einschließlich Begleitmedikation

a) Bei variabler Dosis erlaubten Dosisbereich und das Dosisregime im zeitlichen Ablauf in jeder Therapieperiode beschreiben. Bei Dosistitrationen sind die Dosisstufen und die Entscheidungsregeln für Dosisänderungen festzulegen.

b) Erwägen, ob einschleichende und/oder ausschleichende Dosierung erforderlich ist.

c) Erlaubte Begleitmedikationen und sonstige therapeutische Maßnahmen erwähnen; auf ambulante bzw. stationäre Durchführung hinweisen.

d) Ermittlung optimaler und damit therapeutisch vergleichbarer Dosen in der aktuellen Studie ist auch unter Doppelblindbedingungen möglich.

## 7.3 Untersuchungsplan

a) Gesichtspunkte für die zu planende Anzahl von Untersuchungen (an verschiedenen Tagen):
   - Erfordernisse der Überwachung möglicher unerwünschter Begleiterscheinungen insbesondere bei Dosissteigerungen,
   - Dokumentation des Verlaufs des Therapieerfolges,

- Reduktion der intraindividuellen Variabilität (z. B. durch Mittelwertbildung bei der späteren Auswertung),
- Ausgabe der Prüfmuster.

b) Ausgangswerte sollten, sofern ethisch und vom Aufwand her vertretbar, durch Untersuchungen an mindestens 2 Tagen in geeignetem Abstand in der wirkstoffreien Vorperiode gestützt werden.

c) Bei untersuchungsintensiven Studien auf Praktikabilität achten, z. B. hinsichtlich Nachtruhe und Wochenenden.

d) Pharmakokinetische Eigenschaften aller zu vergleichenden Präparate beachten, insbesondere im Hinblick auf die Zeit zwischen Untersuchung und letzter Tabletteneinnahme.

e) Prüfen, welche Untersuchungsmaßnahmen ggf. den Blindcharakter der Prüfung gefährden können.

## 7.4 Ablaufdiagramm

Das Ablaufdiagramm gibt einen Überblick über alle wesentlichen Ereignisse im Prüfungsablauf gemäß 7.1-7.3. Es sollte auch Hinweise für mögliche vorzeitige Übergänge auf nachfolgende Therapieperioden bzw. Abbruch der Prüfung beim einzelnen Patienten enthalten.

# 8 Meßgrößen und Meßmethoden

## 8.1 Wirksamkeit und Verträglichkeit

Für die Beurteilung dieser Kriterien sind von allen Meßgrößen anzugeben:

- Bestimmungsmethode, Einheit, Skalenniveau, evtl. Zensierung,
- bei qualitativen Merkmalen zulässige, disjunkte Ausprägungen definieren,
- Referenzgrenzen sowie Grenzen für klinisch relevante Änderungen ggf. pro Prüfzentrum angeben.

## 8.2 Qualitätsmerkmale der Messung

Angemessene Genauigkeit **(Präzision)** der Ergebnisse beim einzelnen Patienten herbeiführen:

a) Für Zielgrößen mehrere Messungen anläßlich eines Visits erwägen, z. B.:

- mehrere Perioden beim EKG auswerten und Aggregationswert wie z. B. Mittelwert oder Median bilden,
- mehrere Blutdruckmessungen in geeignetem Abstand durchführen.

b) Äußere Bedingungen der Messung bzw. Beurteilung möglichst konstant halten, wie z. B. gleiche Tageszeit, gleicher Arm bei Blutdruckmessungen, gleiche Plazierung der Elektroden für EKG-Aufnahme usw.

c) Meßwerte mit sinnvoller Genauigkeit ablesen bzw. erfassen; bei den meisten Meßwerten im Bereich der Medizin sind 2-3 gültige Ziffern für Einzelwerte angemessen.

Die **Richtigkeit** ist sicherzustellen, d. h. systematische Fehler der Messung sind möglichst klein zu halten:

a) Vor Beginn der Prüfung und in technisch sinnvollen Abständen Meßgeräte überprüfen und ggf. eichen.

b) Kein unnötiger Wechsel der beteiligten Ärzte und der beauftragten Laboratorien im Verlauf der Studie.

Die **Objektivität** der Beurteilung muß gestützt werden, z. B.:

a) Zwei oder mehrere unabhängige Beurteiler heranziehen,

b) Selbstbeurteilung des Patienten und Fremdbeurteilung durch Arzt und/oder Krankenschwester vornehmen,

c) Videoaufzeichnung, Fotografie einsetzen,

d) Computerauswertung von Bildern und Biosignalen einsetzen,

e) „Training" der Prüfärzte (insbesondere zur Abstimmung bei multizentrischen Studien).

**Spezifität, Sensitivität** und **Validität** der Methoden sicherstellen.

Nur mit standardisierten und in der Arzneimittelprüfung bewährten Methoden arbeiten und diese für die Dauer der Prüfung unverändert beibehalten.

**Bei multizentrischen Studien** ist die Standardisierung über alle Prüfzentren erforderlich, um die Variabilität zwischen den Zentren zu minimieren. Dabei ist insbesondere zu achten auf:

- die Vergleichbarkeit der Untersuchungs-, Beurteilungs- und Meßmethoden,
- gleiche Handhabung aller Kriterien, wie z. B. für Einschluß und Ausschluß von Patienten, für Dosisanpassung und Beurteilung des Therapieerfolges,
- den Einfluß möglicher Störgrößen.

Ein regelmäßiges Treffen aller beteiligten Prüfärzte ggf. mit gemeinsamem Training der wichtigsten Methoden ist anzustreben und ggf. terminlich zu fixieren.

## 8.3 Unerwünschte Begleiterscheinungen

Unerwünschte Begleiterscheinungen und subjektive Angaben der Patienten hierzu sind zu dokumentieren und zu bewerten.

a) Das Ergebnis ist abhängig von der Art der Erfassung: z. B. spontane Äußerung, Befragung, Checkliste. Sinnvoll kann eine Kombination der Methoden sein, z. B. offene Frage nach unerwünschten Begleiterscheinungen an jedem Untersuchungstermin, Einsatz einer Checkliste mit den wichtigsten zu erwartenden unerwünschten Wirkungen am Ende jeder Prüfperiode.

b) Welche Gründe sprechen dafür, bekannte unerwünschte Wirkungen des Prüfpräparates und bekannte Symptome der Erkrankung vorzugeben bzw. abzufragen?

c) Auch in der Vorperiode sollte nach Klagen und Beschwerden des Patienten gefragt werden.

d) Erfassung der Lebensqualität mit einer standardisierten und validierten Technik in Betracht ziehen.

## 8.4 Compliance des Patienten

Mögliche Maßnahmen zur Überprüfung bzw. Verbesserung der Compliance:

- Geeignete Abstände für Zwischenuntersuchungen festlegen,
- Patienten jedesmal neu motivieren,
- Patienten nach ihrer Compliance befragen,
- Patienten eigenverantwortlich einbeziehen, z. B. durch Blutdruckselbstmessung,
- Testen der Compliance in der Vorperiode (Plazebo),
- Zählung nicht verbrauchter Tabletten,

- Analyse des Wirkstoffes in Plasma- oder Urinproben,
- telefonische Anrufe anläßlich jeder Einnahme,
- photometrischer Nachweis eines Markers z. B. Riboflavin,
- bestimmte Einnahmen (z. B. letzte Einnahme vor Belastungs-EKG) unter Aufsicht durchführen,
- Einnahme auf Patientenkarten dokumentieren,
- Patienten nicht überfordern, z. B. hinsichtlich der Gesamtzahl der Tabletten pro Tag.

## 8.5 Störgrößen

a) Relevante Störgrößen (z. B. Trainingseffekte) nach Möglichkeit konstant halten für alle Patienten oder zumindest innerhalb jedes Patienten.

b) Medikamentöse und andere Begleittherapien dokumentieren, (z. B. Diät, Bewegungstherapie, Psychotherapie etc.).

c) Ist mit einer Interaktion zwischen einer der Behandlungen und einem eingesetzten Meßverfahren zu rechnen?

d) Bei subjektiven Merkmalen als Zielgrößen: Wetterlage, familiäre (belastende) Ereignisse, berufliche (belastende) Ereignisse dokumentieren.

e) Die Diskussion der möglichen Störgrößen ist besonders wichtig in nicht vergleichend geplanten Beobachtungsstudien.

## 8.6 Dokumentation

a) Zur Erfassung und Dokumentation der Befunde bei den einzelnen Patienten ist ein Prüfbogen zu verwenden. Er dient gleichzeitig dem Prüfarzt als Leitfaden für den Ablauf von Untersuchungen und für Maßnahmen beim einzelnen Patienten. Der Prüfbogen muß selbsterklärend gestaltet sein. Der Inhalt des Prüfbogens richtet sich nach den „Grundsätzen" (vgl. Anhang B, Abschnitt 2.6):

- Identifizierung unter Berücksichtigung der ärztlichen Schweigepflicht und des Datenschutzrechts,
- Alter, Größe, Gewicht, Geschlecht, prognostische Faktoren (z. B. Raucher, Diät, bisherige Krankheitsdauer),
- eine etwaige Schwangerschaft bei Frauen im gebärfähigen Alter,
- Erfüllung der Einschlußkriterien,
- Nichtvorliegen von Ausschlußkriterien,
- Diagnose bzw. Grund für die Anwendung der Therapie, Zeitpunkt und Kriterien der Diagnosestellung, Begleitdiagnosen,
- evtl. Einzeldosis, Tagesdosis, Dosierungsschema bzw. Art der Anwendung des Arzneimittels etc.,
- Beginn und Ende (Datum!) der Behandlung und des Beobachtungszeitraums,
- alle Begleittherapien und relevante Vortherapien,
- Ergebnisse der Basisbeobachtung zu Ziel- und Begleitvariablen mit Angabe des Beobachtungszeitpunktes wie z. B. (vgl. auch 3.2.c)
  - Meßergebnisse klinischer Parameter
  - Zeitpunkt des Eintritts eines unerwünschten Ereignisses
  - Verbrauch einer zu vermeidenden Zusatzmedikation
  - Angaben zur Lebensqualität
- unerwünschte Begleiterscheinungen (Art, Zeitpunkt des Auftretens, Dauer, Intensität, Maßnahmen/Folgen, Zusammenhang),
- Angaben zur Compliance,
- Gründe für einen Therapieabbruch,
- evtl. Gesamtbeurteilung (Wirksamkeit und Verträglichkeit),
- Name und Adresse des prüfenden Arztes,

Ein Muster des Prüfbogens ist Bestandteil des Prüfplans.

b) Aus der Gestaltung des Prüfbogens muß klar hervorgehen, ob sich bestimmte Angaben, wie z.B. zur Dosierung, auf den dem Zeitpunkt der Untersuchung vorausgehenden oder nachfolgenden Zeitraum beziehen.

c) Es genügt, die gemessenen bzw. beobachteten Daten zu erfassen; alle erforderlichen Umrechnungen können zum Zeitpunkt der Auswertung durchgeführt werden.

d) Zur Vermeidung von Übertragungsfehlern sollten die Computerprotokolle automatischer Auswertungen in den Prüfbogen eingeklebt werden.

e) Zu ein und demselben Projekt gehörende Studien sind in solcher Weise zu planen, daß die studienübergreifende Dokumentation und Analyse möglich ist (gleiche Operationalisierung der Merkmale).

f) Bei Speicherung und Verarbeitung personenbezogener Daten (länderspezifische) Datenschutzgesetze beachten.

## 8.7 Datenerfassung und Datenprüfung

Angabe der diesbezüglich wichtigen Maßnahmen zur Gewährleistung der Datenqualität, z. B.:

- Datenerfassung mit anschließender Sichtkontrolle,
- zweimalige Datenerfassung mit Vergleich auf Identität,
- Plausibilitätsprüfung unter logischen Gesichtspunkten und mit Methoden der explorativen Datenanalyse.

# 9 Besondere Beobachtungen und Maßnahmen

## 9.1 Maßnahmen bei unerwünschten Begleiterscheinungen

Alle Maßnahmen beschreiben, die bei schweren unerwünschten Begleiterscheinungen ergriffen werden sollen, wie z. B.:

a) Öffnen von Dekodierungsbriefen bei Blindstudien, ggf. *nach* der Entscheidung über den Therapieabbruch,

b) mögliche Gegenmedikationen,

c) sofort Nachricht an den Leiter der klinischen Prüfung bzw. an den Verantwortlichen für Arzneimittelsicherheit im Unternehmen.

## 9.2 Vorzeitiger Abbruch beim einzelnen Patienten

a) Kriterien angeben, unter denen die Therapie beim einzelnen Patienten abgebrochen werden soll, z. B.:

- falls Ausschlußkriterien auftreten,
- bei schweren, unerwünschten Begleiterscheinungen,
- bei offensichtlich ungenügender Wirkung der Therapie bei einer ernsten Erkrankung,
- falls der Prüfplan nicht einhaltbar ist, z. B. wegen mangelnder Compliance des Patienten,
- auf Wunsch des Patienten.

b) Die Entscheidung für den vorzeitigen Abbruch muß in Studien mit Blindbedingungen „blind", d. h. ohne Kenntnis der Behandlung, getroffen werden.

c) Maßnahmen beim Abbruch der Therapie eines Patienten auflisten:

- Genaue Beschreibung und ärztliche Bewertung des Ereignisses einschließlich Angabe der Ursachen für den Abbruch der Therapie,
- auf abschließende Untersuchungen hinweisen,
- erwähnen, daß gravierende pathologische Befunde weiterverfolgt werden,
- festlegen, unter welchen Bedingungen ein Ersatzpatient in die Prüfung einbezogen werden muß.

d) Falls aus medizinischen Gründen lediglich eine vorübergehende Therapieunterbrechung erforderlich ist, ist im Sinne des „Intention-to-treat"-Prinzips die durch die Randomisation zugeteilte Therapie anschließend wieder fortzusetzen.

### 9.3 Notfallmaßnahmen

Je nach Art der Therapie und der geprüften Indikation z. B. Antidotgabe, intensivmedizinische Betreuung, chirurgische oder andere Intervention.

### 9.4 Vorzeitiger Abbruch der gesamten Studie

a) Kriterien für den Abbruch der gesamten Studie angeben, wie z. B.:

- Entgegen den Vorinformationen stehen nicht genügend Patienten in der für die Durchführung vorgesehenen Zeit zur Verfügung.
- Wegen der Häufigkeit und Schwere der Begleiterscheinungen bei (mindestens) einer der eingesetzten Therapien ist die Fortsetzung der Studie nicht mehr vertretbar.
- Die Qualität der Studiendurchführung ist unzureichend, und die Bemühungen um Verbesserung waren erfolglos.
- Die ursprüngliche Zielsetzung der Studie ist durch neue wissenschaftliche Erkenntnisse überholt.

- Zwischenergebnisse sprechen eindeutig gegen die Prüfmedikation; ein Erfolg der Studie im Sinne der Fragestellung ist bei Weiterführung nicht mehr zu erwarten.

b) Vorgehen bei vorzeitigem Abbruch der gesamten Studie:
   - Information der beteiligten Prüfärzte und Patienten,
   - Abschlußuntersuchung aller noch in Behandlung befindlichen Patienten durchführen,
   - Publikation der gesammelten Erfahrungen ins Auge fassen.

# 10 Auswertungsplan und Anzahlschätzung

## 10.1 Statistisches Modell

Statistisches Modell, das der Auswertung zugrundegelegt werden soll, genau angeben. Dies gilt v.a. für die Zielvariable(n). Z.B. im Modell für ein Change-over-Design wenigstens das individuelle Niveau, den Zeiteffekt, den Substanzeffekt und den Nachwirkungseffekt (evtl. als Wechselwirkung Zeit × Substanz) exakt formulieren.

## 10.2 Auswertungsziel

Auswertungsziel aus der klinischen Fragestellung (vgl. 3.2) ableiten und in präzise statistische Begriffe umsetzen, z.B. in die Form von Null- und Alternativhypothesen mit Festlegung von *alpha*, dem Niveau des Fehlers 1. Art. Eventuell Untergruppen von Patienten für separate Auswertungen definieren. Angeben, welche Auswertungen im Sinne der konfirmatorischen, der deskriptiven bzw. der explorativen Datenanalyse vorzusehen sind.

## 10.3 Kriterien pro/contra (gruppen-)sequentielle Auswertung

Ein vorzeitiger Therapieabbruch auf Basis einer konfirmatorischen Analyse bei einer Zwischenauswertung kann nur erfolgen, wenn die Kontrolle des *alpha*-Niveaus gewährleistet wird; hierfür haben sich gruppensequentielle Testmethoden (Mehr-Stufen-Tests) bei manchen klinischen Studien als praktikabel erwiesen.

a) Gesichtspunkte, die eher *für* eine (gruppen-)sequentielle Versuchsanlage sprechen:

- falls ein Therapieabbruch zum möglichst frühen Zeitpunkt bei eindeutiger Überlegenheit oder höherem Nebenwirkungsrisiko einer Therapie erforderlich scheint,
- wenn keine befriedigenden Angaben für eine Anzahlschätzung (s. u.) vorliegen.

b) Gesichtspunkte, die eher *gegen* eine (gruppen-)sequentielle Versuchsanlage sprechen:

- Wenn bereits alle Patienten verfügbar sind oder wenn mit einer relativ raschen Rekrutierung der Patienten zu rechnen ist,
- wenn bei Verlaufsstudien die Beobachtungszeit lang ist im Vergleich zur Rekrutierungszeit (Problem der anbehandelten Fälle),
- wenn, z. B. aus früheren Studien, ausreichende Informationen für die Schätzung einer festen Anzahl vorliegen,
- wenn zu erwarten ist, daß der erhöhte organisatorische Aufwand (siehe 10.8.b) nicht erbracht werden kann oder zu Schwierigkeiten und Fehlern führt,
- wenn bei multizentrischen Studien bei den Zwischenauswertungen mit sehr unterschiedlichen Anzahlen an den verschiedenen Zentren zu rechnen ist.

### 10.4 *alpha*-Adjustierung

Methode der *alpha*-Adjustierung für multiple Vergleiche angeben, falls mehr als eine Zielgröße betrachtet werden soll. Falls keine *alpha*-Adjustierung vorgenommen wird, Angabe der Gründe für ihre Unterlassung. Das gilt auch für sonstige Zusatzauswertungen.

### 10.5 Analyse bei Multizenterstudien

Z. B. Prüfung der Wechselwirkung Zentrum × Therapie, deskriptive Analyse für jedes Zentrum, Berücksichtigung der Zentren als Schichtkriterien.

**10.6 Adjustierung für Störgrößen**

a) Die im Design berücksichtigten Störgrößen sind zu identifizieren (z. B. demographische Faktoren, Ausgangswerte und Baselines, Begleittherapien, prognostische Faktoren).

b) Die Art der statistischen Behandlung ist zu definieren (z. B. Kovarianzanalysen, COX-Regression, Modelle der Berücksichtigung von Schichteinflüssen oder der Faktoren im Change-over-Design).

**10.7 Schätzung für die Anzahl erforderlicher Patienten**

a) Theoretisch erforderliche Anzahl in kontrollierten Studien (mit konfirmatorischer Datenanalyse):
Bezug auf die zu prüfenden Hypothesen herstellen; dabei diejenige Zielgröße heranziehen, die zum Entscheid der Hauptfragestellung dient (vgl. 10.2).

- Je nach Design intraindividuelle bzw. interindividuelle Variabilität unter Berücksichtigung entsprechender Daten aus früheren Studien schätzen.
- Klinisch relevante Differenz *delta* bzgl. der Zielgröße sowie den Fehler 2. Art, *beta,* festlegen. Berücksichtigen, ob ein Unterschied oder eine Äquivalenz zwischen Therapien festgestellt werden soll.
Unterscheiden zwischen einseitiger oder zweiseitiger Testung.
- Zu *alpha, beta* und *delta* mit geeigneten Verfahren den theoretischen Stichprobenumfang n bestimmen.

b) Theoretisch erforderliche Patientenzahl in nichtkontrollierten Studien:
In nichtkontrollierten Studien können entsprechende Informationen wie in Abschnitt a) durch Vergleich des Ergebnisses (einer Stichprobe) mit einem „festen Wert" erarbeitet werden. Der feste Wert kann entweder eine Zielvorgabe oder ein Erfahrungswert aus der Literatur, z. B. für die Rate von Respondern oder Nebenwirkungen, sein. Alternativ kann die Patientenzahl

auch so festgelegt werden, daß die voraussichtliche Länge des Vertrauensintervalls eines bestimmten Schätzers innerhalb vorgegebener Grenzen liegt. Auf die Problematik von Bias in nichtkontrollierten Therapiestudien wurde in Abschnitt 5.2 ausführlich hingewiesen.

c) Um von der theoretischen Patientenzahl auf die tatsächlich anzustrebende Patientenzahl schließen zu können, müssen weitere Überlegungen angestellt werden:

- Schnellere Rekrutierung der erforderlichen Patienten durch multizentrische Studienanlage möglich?
- Voraussichtliche Anzahl verfügbarer Patienten an den Prüfstellen,
- voraussichtliche Ausfallrate und nicht auswertbare Patientendaten,
- Patientenzahl in anderen „vorbildlichen" Studien,
- verfügbare Mittel (Geld, Prüfmedikation, Geräte, Zeit usw.).

**10.8 Zwischenauswertungen mit deskriptiver Datenanalyse**

a) Fragestellungen für geplante Zwischenauswertungen

- Wie ist allgemein der Stand der Studie z.B. hinsichtlich Anzahl der einbezogenen Patienten im Vergleich zum Zeitplan, Anzahl der Dropout-Fälle, Vergleichbarkeit der Behandlungsgruppen, Datenqualität usw?
- Liegen die Ergebnisse für die wesentlichen Zielgrößen im Rahmen der Erwartungen?
- Liegen Gründe für den vorzeitigen Therapieabbruch gemäß 9.4 vor?

Es muß genau festgelegt werden, welche Informationen den Prüfern (Gefahr der Einschleppung eines Bias) und welche z.B. einem unabhängigen Studienkomitee zugänglich gemacht werden.

b) Mehraufwand und Umfang von Zwischenauswertungen

Mehraufwand ist erforderlich z. B. für
- Organisation des Datenrücklaufs zu mehreren festen Terminen oder patientenbezogenen Behandlungszeiten im Verlauf der Studie,
- kontinuierliche Dateneingabe (ggf. in Blöcken),
- Gestaltung der Prüfbogen entsprechend den Abgabeerfordernissen (Kopien, Durchschreibmöglichkeiten),
- wiederholte Durchführung von Auswertungen und Berichterstellungen.

Es ist der Mehraufwand bei allen beteiligten Stellen zu berücksichtigen; auch aus diesem Grunde sollte die Anzahl der Zwischenauswertungen sowie deren Umfang genau geplant werden.

c) Zeitpunkte geplanter Zwischenauswertungen

Die zeitliche Planung von Zwischenauswertungen orientiert sich an
- ethischen und medizinischen Gesichtspunkten, wie z. B. dem Nutzen und den Risiken der eingesetzten Therapien für die Patienten,
- organisatorischen Gesichtspunkten, wie z. B. der Terminplanung für die Zulassung,
- finanziellen Gesichtspunkten.

## 10.9 Auswertbare Patientendaten

Die Planung von Zwischenauswertungen kann nach festgelegten Anteilen abgeschlossener Fälle, nach Behandlungszeit in der Studie oder nach kalendarischen Zeitpunkten erfolgen.

(Für die Fragestellung der Prüfung zusammenfassend auswertbare Daten; auszuschließende Patienten sind in jedem Falle getrennt zu berichten.)

a) Verträglichkeit
Grundsätzlich werden alle in die Studie eingeschlossenen Patienten bei der Verträglichkeitsbeurteilung berücksichtigt. Ausnahmen können sein:
- Patienten mit Kontraindikation(en),
- Patienten ohne Behandlung mit dem Prüfpräparat (Ausfall von Patienten in der Rekrutierungsphase; Krankheit in Plazebovorphase, die besondere Maßnahmen erfordert).

b) Wirksamkeit
Alle Patienten von der Analyse der Wirksamkeit ausschließen, die gemäß a) von der Analyse der Verträglichkeit ausgeschlossen wurden. Darüber hinaus für einen Ausschluß in Betracht ziehen:

- Patienten mit schweren Abweichungen vom Prüfplan (Ein- und Ausschlußkriterien, Zeitplan der Studie, Medikations- und Applikationsänderungen),
- Patienten mit unzureichender Dokumentation in den Einflußgrößen (fehlende Dosierungsangabe, keine Zuordnung zu Schichtungsgruppe möglich).

Stets die Konsequenzen der Abweichung vom „Intention-to-treat"-Prinzip überlegen bzw. auch vergleichend eine Auswertung unter strenger Beachtung dieses Prinzips durchführen.

Überlegungen bei vorzeitig ausgeschiedenen Patienten:
- Berücksichtigung des letzten Status dieser Patienten,
- isolierte Betrachtung der Abbrüche mit Klassifizierung der Abbruchgründe (Heilung, zu starke Wirkung, vermutete Wirkungslosigkeit, vermutete Nebenwirkungen, Compliance).

## 10.10 Weitere Gesichtspunkte

- Welche Konsequenzen ergeben sich bei den verschiedenen denkbaren Ergebnissen der Studie?
- Erwähnen, wenn eine zusammenfassende Auswertung mit anderen Studien („Metaanalyse") vorgesehen ist.

# 11 Organisation

## 11.1 Logistik

a) Bereitstellung aller Prüfungsunterlagen, der erforderlichen Prüfpräparate, der Verpackungsmaterialien, der Prüfbogen, der Urin-Serum-Behältnisse (falls notwendig) usw.

b) Termingerechter Versand und Übergabe des gesamten Materials; evtl. erforderliche Nachlieferungen in geeigneten Abständen planen.

c) Sicherheitsrücklage bei der Konfektionierungsstelle für den Ausfall von ganzen Zentren bzw. als Ersatz bei Doppelblindstudien.

d) Rückmeldung an den klinischen Prüfungsleiter über neu eingeschlossene Patienten mit Datum der Aufnahme in die Studie, der zugeordneten Patientennummer und ggf. der für die Stratifizierung erforderlichen Information.

## 11.2 Zeitplanung

a) Beginn und vorgesehenes Ende der klinischen Prüfung festlegen.
Je nach Planung der Studie (vgl. 10) wird das Ende der Studie am Erreichen der vorgesehenen Patientenzahl oder am Erreichen des vorgesehenen Datums für das Studienende erkannt. Es muß festgelegt werden, wie mit Patienten zu verfahren ist, deren Behandlung am Studienende noch nicht abgeschlossen ist.

b) Eventuell ins Auge gefaßte Termine für Abschlußbericht, Publikation bzw. Kongreßvorträge festlegen.

## 11.3 Dokumentation der Verantwortlichkeit

a) Leiter der klinischen Prüfung laut AMG (namentlich zu benennen, Dienstanschrift, Erreichbarkeit sicherstellen).
Der Prüfplan muß vor Beginn der Prüfung vom Leiter der klinischen Prüfung unterzeichnet werden.

b) Klinischer Prüfarzt und Prüfzentrum.
Mit der Durchführung der Studie verpflichtet sich der Prüfarzt zur Beachtung des Prüfplanes, ohne daß deswegen das Wohl des Patienten beeinträchtigt werden darf. Die in die Studie eingeschlossenen Patienten müssen sorgfältig und zeitgerecht betreut werden. Die im allgemeinen recht umfangreiche Datendokumentation muß vollständig und richtig durchgeführt werden. Der Prüfer muß alle die Patienten betreffenden Unterlagen für eine zu vereinbarende Frist aufbewahren.

c) Verantwortlicher Projektleiter und Monitor (Dienstanschrift, Erreichbarkeit sicherstellen).

d) Für Planung und Auswertung zuständiger Biometriker (Dienstanschrift).

e) Falls erforderlich: zuständiger Biochemiker (Dienstanschrift).

## 11.4 Monitoring

a) Aufgaben der Monitors festlegen, wie z.B. Einsammeln fertiger Dokumentationsbogen, Klärung bzw. Meldung von Problemen, Einsammeln von Serum- und Urinproben, Einsammeln von Nebenwirkungsmeldebogen.

b) Verfahren zur Kontrolle der Einhaltung des Prüfplanes und zur Gewährleistung der Datenqualität festlegen, wie z.B. die Zeitabstände für Monitorbesuche.

## 11.5 Veröffentlichung(en)

Sind Publikation, Vortrag, Poster und ähnliches geplant (evtl. unter welchen inhaltlichen Voraussetzungen)?

Falls der Prüfer in Absprache eine eigene Auswertung oder Teilauswertung der Daten vornimmt, so müssen diese Ergebnisse dem Prüfungsleiter vorgelegt werden.

Der Prüfer schreibt (innerhalb einer bestimmten Frist) nach Abschluß der Studie einen Bericht über die Durchführung der Studie: Probleme, Besonderheiten, evtl. Abweichungen vom Protokoll, usw.

*Allgemeine Hinweise*

a) Alle Prüfpläne bzw. Prüfplanversionen sollten jeweils das aktuelle Datum der Erstellung tragen.

b) Der Prüfplan sollte ein Deckblatt mit einer Übersicht der wichtigsten Angaben haben (FDA-Guideline s. Literatur).

c) Es sollte in jedem Falle ein aktueller Prüfplan erstellt werden, auch wenn der betreffende Prüfer schon häufig „nach diesem Design gearbeitet und publiziert hat"; der Hinweis auf eine frühere Publikation wird als ungenügend betrachtet.

d) Die Formulierungen im Prüfplan sollten klar und bindend sein; eine Formulierung wie „wenn möglich" ist nie angebracht.

e) Im Verlaufe der Studie erforderliche Änderungen im Versuchsplan müssen in einem Nachtrag dokumentiert und vom Leiter der klinischen Prüfung unterzeichnet werden, sofern sie nicht Anlaß für eine neue Studie sind.

f) Die FDA-Guideline (vgl. Literatur) enthält wichtige Hinweise für die Dokumentation der Versuchsplanung im späteren Bericht.

g) Verzeichnis der Anlagen beifügen.

h) Anzeige der klinischen Prüfung bei der zuständigen Landesbehörde gemäß § 67 Abs. 1 AMG.

# Literatur

Abt K (1987) Descriptive data analysis: A concept between confirmatory and exploratory data analysis. Methods Inf Med 26: 77-88

Empfehlungen zur Ermittlung, Dokumentation, Erfassung und Bewertung unerwünschter Ereignisse im Rahmen der Klinischen Prüfung von Arzneimitteln (Entwurf) (1988) Erarb. v. e. Arbeitsgruppe d. Sektion Klinische Pharmakologie der Dt. Gesellschaft für Pharmakologie und Toxikologie unter Federführung v. H Bethge. Arzneim-Forsch/Drug Res 38 (II): 11, 1650-1656

Fleming TR, Harrington DP, O Brien PC (1984) Designs for group sequential tests. Controlled Clin Trials 5: 348-361

Grundsätze für die ordnungsgemäße Durchführung der klinischen Prüfung von Arzneimitteln (1987) BAnz 243 vom 30.12. 87

Guidelines for the format and content of the clinical and statistical sections of an application (1988) Center for Drug Evaluation and Research, Food and Drug Administration, Department of Health and Human Services

Hartmann E et al (1984) Entwicklung eines modular aufgebauten Programmsystems zur optimalen Erfassung, Speicherung und Auswertung von Daten bei klinischen Arzneimittelprüfungen. 1. Mitteilung: Grundlagen und Ziele. EDV in Medizin und Biologie 4: 127-132

Jesdinsky HJ (Hrsg) (1983) Arzneimittelprüfrichtlinien Klinische Prüfung. Schattauer, Stuttgart (Schriftenreihe der Deutschen Gesellschaft für Medizinische Dokumentation, Informatik und Statistik, GMDS, 6)

Küppers H (Hrsg) (1988) Leitfaden der Arzneimittelprüfung am Menschen. Fischer, Stuttgart

Lechner T (1988) Datenschutz und psychologische Forschung. Hogrefe, Göttingen

Mau J (1983) A standard protocol for controlled clinical trials. Technical report 1/83. Institut für Med Biometrie, Universität Tübingen

Pocock SJ (1983) Clinical trials. A practical approach. Wiley, New York

Queißer W et al (1985) Richtlinien der AIO zur Abfassung von Protokollen der Phase-II-Prüfung von Zytostatika. Onkologie 8: 133-136

Spilker B (1984) Guide to clinical studies and developing protocols. Raven, New York

Spriet A, Simon P (1985) Methodology of clinical drug trials. Karger, Basel

Victor N (1982) Exploratory data analysis and clinical research. Methods Inf Med 21: 53-54

# Anhang A: Deklaration von Helsinki
# Revidierte Fassung von 1983

*Empfehlung für Ärzte, die in der biomedizinischen Forschung am Menschen tätig sind.*

**Vorwort**

Aufgabe des Arztes ist die Erhaltung der Gesundheit des Menschen. Der Erfüllung dieser Aufgabe dient er mit seinem Wissen und Gewissen.

Die Genfer Deklaration des Weltärztebundes verpflichtet den Arzt mit den Worten: „Die Gesundheit meines Patienten soll mein vornehmstes Anliegen sein" und der internationale Codex für ärztliche Ethik legt fest: „Jegliche Handlung oder Beratung, die geeignet erscheinen, die physische und psychische Widerstandskraft eines Menschen zu schwächen, dürfen nur in seinem Interesse zur Anwendung gelangen".

Ziel der biomedizinischen Forschung am Menschen muß es sein, diagnostische, therapeutische und prophylaktische Verfahren sowie das Verständnis für die Aetiologie und Pathogenese der Krankheit zu verbessern.

In der medizinischen Praxis sind diagnostische, therapeutische oder prophylaktische Verfahren mit Risiken verbunden; dies gilt um so mehr für die biomedizinische Forschung am Menschen. Medizinischer Fortschritt beruht auf Forschung, die sich letztlich auch auf Versuche am Menschen stützen muß.

Bei der biomedizinischen Forschung am Menschen muß grundsätzlich unterschieden werden zwischen Versuchen, die im wesentlichen im Interesse des Patienten liegen und solchen, die mit rein wissenschaftlichem Ziel ohne unmittelbaren diagnostischen oder therapeutischen Wert für die Versuchsperson sind.

Besondere Vorsicht muß bei der Durchführung von Versuchen walten, die die Umwelt in Mitleidenschaft ziehen könnten. Auf das Wohl der Versuchstiere muß Rücksicht genommen werden.

Da es notwendig ist, die Ergebnisse von Laborversuchen auch auf den Menschen anzuwenden, um die wissenschaftliche Kenntnis zu fördern und der leidenden Menschheit zu helfen, hat der Weltärztebund die folgende Empfehlung als eine Leitlinie für jeden Arzt erarbeitet, der in der biomedizinischen Forschung am Menschen tätig ist. Sie sollte in Zukunft überprüft werden.

Es muß betont werden, daß diese Empfehlung nur als Leitlinie für die Ärzte auf der ganzen Welt gedacht ist; kein Arzt ist von der straf-, zivil- und berufsrechtlichen Verantwortlichkeit nach den Gesetzen seines Landes befreit.

### I. Allgemeine Grundsätze

1. Biomedizinische Forschung am Menschen muß den allgemein anerkannten wissenschaftlichen Grundsätzen entsprechen; sie sollte auf ausreichenden Laboratoriums- und Tierversuchen sowie einer umfassenden Kenntnis der wissenschaftlichen Literatur aufbauen.

2. Die Planung und Durchführung eines jeden Versuches am Menschen sollte eindeutig in einem Versuchsprotokoll niedergelegt werden; dieses sollte einem besonders berufenen unabhängigen Ausschuß zur Beratung, Stellungnahme und Orientierung zugeleitet werden.

3. Biomedizinische Forschung am Menschen sollte nur von wissenschaftlich qualifizierten Personen und unter Aufsicht eines klinisch erfahrenen Arztes durchgeführt werden. Die Verantwortung für die Versuchsperson trägt stets ein Arzt und nie die Versuchsperson selbst, auch dann nicht, wenn sie ihr Einverständnis gegeben hat.

4. Biomedizinische Forschung am Menschen ist nur zulässig, wenn die Bedeutung des Versuchsziels in einem angemessenen Verhältnis zum Risiko für die Versuchsperson steht.

5. Jedem biomedizinischen Forschungsvorhaben am Menschen sollte eine sorgfältige Abschätzung der voraussehbaren Risiken im Vergleich zu dem voraussichtlichen Nutzen für die Versuchsperson oder andere vorausgehen. Die Sorge um die Belange der Versuchsperson muß stets ausschlaggebend sein im Vergleich zu den Interessen der Wissenschaft und der Gesellschaft.

6. Das Recht der Versuchsperson auf Wahrung ihrer Unversehrtheit muß stets geachtet werden. Es sollte alles getan werden, um die Privatsphäre der Versuchsperson zu wahren; die Wirkung auf die körperliche und geistige Unversehrtheit sowie die Persönlichkeit der Versuchsperson sollte so gering wie möglich gehalten werden.

7. Der Arzt sollte es unterlassen, bei Versuchen am Menschen tätig zu werden, wenn er nicht überzeugt ist, daß das mit dem Versuch verbundene Wagnis für vorhersagbar gehalten wird. Der Arzt sollte jeden Versuch abbrechen, sobald sich herausstellt, daß das Wagnis den möglichen Nutzen übersteigt.

8. Der Arzt ist bei der Veröffentlichung der Versuchsergebnisse verpflichtet, die Befunde genau wiederzugeben. Berichte über Versuche, die nicht in Übereinstimmung mit den in dieser Deklaration niedergelegten Grundsätzen durchgeführt wurden, sollten nicht zur Veröffentlichung angenommen werden.

9. Bei jedem Versuch am Menschen muß jede Versuchsperson ausreichend über Absicht, Durchführung, erwarteten Nutzen und Risiken des Versuches sowie über möglicherweise damit verbundene Störungen des Wohlbefindens unterrichtet werden. Die Versuchsperson sollte darauf hingewiesen werden, daß es ihr freisteht, die Teilnahme am Versuch zu verweigern und daß sie jederzeit eine einmal gegebene Zustimmung widerrufen kann. Nach dieser Aufklärung sollte der Arzt die freiwillige Zustimmung der Versuchsperson einholen; die Erklärung sollte vorzugsweise schriftlich abgegeben werden.

10. Ist die Versuchsperson vom Arzt abhängig oder erfolgte die Zustimmung zu einem Versuch möglicherweise unter Druck, so soll der Arzt beim Einholen der Einwilligung nach Aufklärung

besondere Vorsicht walten lassen. In einem solchen Fall sollte die Einwilligung durch einen Arzt eingeholt werden, der mit dem Versuch nicht befaßt ist, und der außerhalb eines etwaigen Abhängigkeitsverhältnisses steht.

11. Ist die Versuchsperson nicht voll geschäftsfähig, sollte die Einwilligung nach Aufklärung vom gesetzlichen Vertreter entsprechend nationalem Recht eingeholt werden. Die Einwilligung des mit der Verantwortung betrauten Verwandten[1] ersetzt die der Versuchsperson, wenn diese infolge körperlicher oder geistiger Behinderung nicht wirksam zustimmen kann oder minderjährig ist.

    Wenn das minderjährige Kind fähig ist, seine Zustimmung zu erteilen, so muß neben der Zustimmung des Personensorgeberechtigten auch die Zustimmung des Minderjährigen eingeholt werden.

12. Das Versuchsprotokoll sollte stets die ethischen Überlegungen im Zusammenhang mit der Durchführung des Versuchs darlegen und aufzeigen, daß die Grundsätze dieser Deklaration eingehalten sind.

## II. Medizinische Forschung in Verbindung mit ärztlicher Versorgung
(Klinische Versuche)

1. Bei der Behandlung eines Kranken muß der Arzt die Freiheit haben, neue diagnostische und therapeutische Maßnahmen anzuwenden, wenn sie nach seinem Urteil die Hoffnung bieten, das Leben des Patienten zu retten, seine Gesundheit wiederherzustellen oder seine Leiden zu lindern.

2. Die mit der Anwendung eines neuen Verfahrens verbundenen möglichen Vorteile, Risiken und Störungen des Befindens sollten gegen die Vorzüge der bisher bestehenden diagnostischen und therapeutischen Methoden abgewogen werden.

---

[1] Darunter ist nach deutschem Recht der „Personensorgeberechtigte" zu verstehen.

3. Bei jedem medizinischen Versuch sollten alle Patienten – einschließlich derer einer eventuell vorhandenen Kontrollgruppe – die beste erprobte diagnostische und therapeutische Behandlung erhalten.

4. Die Weigerung eines Patienten, an einem Versuch teilzunehmen, darf niemals die Beziehung zwischen Arzt und Patient beeinträchtigen.

5. Wenn der Arzt es für unentbehrlich hält, auf die Einwilligung nach Aufklärung zu verzichten, sollten die besonderen Gründe für dieses Vorgehen in dem für den unabhängigen Ausschuß bestimmten Versuchsprotokoll niedergelegt werden.

6. Der Arzt kann medizinische Forschung mit dem Ziel der Gewinnung neuer wissenschaftlicher Erkenntnisse mit der ärztlichen Betreuung nur soweit verbinden, als diese medizinische Forschung durch ihren möglichen diagnostischen oder therapeutischen Wert für den Patienten gerechtfertigt ist.

### III. Nicht-therapeutische biomedizinische Forschung am Menschen

1. In der rein wissenschaftlichen Anwendung der medizinischen Forschung am Menschen ist es die Pflicht des Arztes, das Leben und die Gesundheit der Person zu beschützen, an welcher biomedizinische Forschung durchgeführt wird.

2. Die Versuchspersonen sollten Freiwillige sein, entweder gesunde Personen oder Patienten, für die die Versuchsabsicht nicht mit ihrer Krankheit in Zusammenhang steht.

3. Der ärztliche Forscher oder das Forschungsteam sollten den Versuch abbrechen, wenn dies nach seinem Urteil oder ihrem Urteil im Falle der Fortführung dem Menschen schaden könnte.

4. Bei Versuchen am Menschen sollte das Interesse der Wissenschaft und der Gesellschaft niemals Vorrang vor den Erwägungen haben, die das Wohlbefinden der Versuchsperson betreffen.

aus: BAnz Nr. 108 vom 13.7.1987, s. 7109 ff.

# Anhang B: Grundsätze für die ordnungsgemäße Durchführung der klinischen Prüfung von Arzneimitteln

**1 Einleitung**

1.1 Ziel dieser Grundsätze ist es, Regeln für die ordnungsgemäße Planung, Durchführung, Auswertung und Dokumentation klinischer Prüfungen von Arzneimitteln aufzustellen.

1.2. Klinische Prüfung im Sinne dieser Grundsätze ist die Anwendung eines Arzneimittels am Menschen zu dem Zweck, über den einzelnen Anwendungsfall hinaus Erkenntnisse über den therapeutischen oder diagnostischen Wert eines Arzneimittels, insbesondere über seine Wirksamkeit und Unbedenklichkeit, zu gewinnen; dies gilt unabhängig davon, ob die Prüfung in einer Klinik oder in der Praxis eines niedergelassenen Arztes durchgeführt wird.

1.3 Vor Aufnahme der klinischen Prüfung sind die ethischen und rechtlichen Voraussetzungen zu prüfen. Maßstab für die Beurteilung sind die Bestimmungen über die klinische Prüfung nach §§ 40 und 41 des Arzneimittelgesetzes und die revidierte Deklaration von Helsinki (BAnz. vom 13. Juni 1987 S. 7109). Eine unabhängige und sachkundige Ethik-Kommission soll gehört werden.*)

1.4 Wer eine klinische Prüfung plant oder durchführt, muß sich bewußt sein, daß es zwischen der Fürsorgepflicht gegenüber dem einzelnen Patienten beziehungsweise Probanden und dem allgemeinen Verlangen nach therapeutischem Fortschritt abzuwägen gilt. Gemessen an der voraussichtlichen Bedeutung des Arzneimittels für die Heilkunde müssen die Risiken für die teilnehmenden Personen ärztlich vertretbar sein.

1.5 Bei der Planung, Durchführung und Auswertung der Ergebnisse der klinischen Prüfung von Arzneimitteln, die in der Zahnmedizin, in der Homöopathie, Phytotherapie und anthroposophischen Therapie eingesetzt werden sollen, sind deren Besonderheiten zu berücksichtigen.

1.6 Abweichungen von diesen Grundsätzen sind zulässig, soweit sie auf Grund spezieller medizinischer Fragestellungen notwendig sind; sie sind zu begründen.

1.7 Die Vorschriften des § 41 der Strahlenschutzverordnung vom 13. Oktober 1976 (BGBl. I S. 2905; 1977 S. 184, 269) in der geltenden

---

\* Die Verpflichtung richtet sich nach den Berufsordnungen für Ärzte.

Fassung sowie die Bekanntmachung des Bundesministers für Arbeit und Sozialordnung über klinische Erprobung medizinisch-technischer Geräte vom 10. November 1986 (Bundesarbeitsblatt 12/1986 S.113) bleiben unberührt.

## 2 Planung der klinischen Prüfung

2.1 Bei der Planung einer klinischen Prüfung müssen der Kenntnisstand über die zu behandelnde Krankheit (Ätiologie, Pathogenese, Spontanverlauf, Prognose und Therapiemöglichkeiten), die medizinische und biometrische Methodik sowie die bisherigen Erkenntnisse aus der Entwicklung dieses Arzneimittels insbesondere der pharmakologisch-toxokologischen Prüfung berücksichtigt werden. Sämtliche verfügbaren Informationen (auch historisches und bibliographisches Material, ggf. auch aus dem Ausland) sollen dabei herangezogen werden. Es ist sicherzustellen, daß eine dem Prüfziel entsprechende ärztliche Beurteilung und biometrische Auswertung der erhobenen Daten möglich sind.

2.2 Biometrische Überlegungen sind so früh wie möglich anzustellen. Grundsätzlich sollen klinische Prüfungen, wenn dies angemessen, d.h. dem therapeutischen Ziel nach sinnvoll und in der Durchführung auch möglich ist, kontrolliert durchgeführt werden. Dies schließt eine gleichzeitig beobachtete Kontrollgruppe und eine randomisierte Zuteilung der Patienten beziehungsweise Probanden zu den Behandlungsgruppen ein. Davon muß abgewichen werden, wenn wissenschaftliche oder ethische Gründe dafür vorliegen. Es ist Vorsorge zu treffen, daß die Ergebnisse durch subjektive Einflüsse und Fehleinschätzungen nicht verfälscht werden.

2.3 Bei der Planung einer klinischen Prüfung ist zu berücksichtigen, ob diese in einer einzigen Prüfstelle oder multizentrisch durchgeführt werden soll.

2.4 Der Leiter der klinischen Prüfung, der verantwortliche Biometriker und die durchführenden Ärzte müssen für die Durchführung der klinischen Prüfung qualifiziert sein.

2.5 Vor Beginn der Prüfung ist ein Prüfplan aufzustellen. Er soll Angaben zu folgenden Punkten enthalten:

2.5.1 Zielsetzung und Begründung der Prüfung: Festlegung des Hauptzielkriteriums und Begründung seiner Eignung für die Erreichung des Prüfziels.

2.5.2 Charakterisierung des zu prüfenden Arzneimittels; die Zusammensetzung und die pharmazeutische Qualität müssen über eine eindeutige Identifizierung (Chargenbezeichnung) zurückverfolgt werden können,

2.5.3 Beschreibung des Prüfdesigns und gegebenenfalls Definition der Beobachtungseinheit,

2.5.4 Definition der Zielpopulation durch Ein- und Ausschlußkriterien,

2.5.5 Methodik der Personenauswahl,

2.5.6 Handhabung des Randomisierungsverfahrens und Beschreibung der Dekodierung bei Doppelblindstudien,
2.5.7 begründete Angaben über die Zahl der Patienten beziehungsweise Probanden unter Berücksichtigung der geschätzten Ausfallrate,
2.5.8 bei multizentrischen Prüfungen: Anzahl der Zentren und Anzahl der Personen pro Zentrum,
2.5.9 Behandlung (Art, Dosis, Dauer, Art der Anwendung des Arzneimittels, ambulante/stationäre Durchführung) in den einzelnen Gruppen,
2.5.10 zulässige und unzulässige Begleittherapien,
2.5.11 Auflistung aller Ziel- und Begleitvariablen,
2.5.12 die verwendeten Meßverfahren und deren Validierung. Bei multizentrischen Prüfungen müssen die entscheidenden Meßmethoden standardisiert sein.
2.5.13 Ermittlung, Bewertung und Dokumentation unerwünschter Begleiterscheinungen,
2.5.14 ausführliche Beschreibung des Prüfungsablaufs einschließlich des Zeitplans für die Untersuchungstermine,
2.5.15 Überprüfung der Compliance,
2.5.16 vorgesehene Gesamtdauer der Prüfung,
2.5.17 biometrische Auswertungsmethoden mit Festlegung der Arbeitshypothesen und der Irrtumswahrscheinlichkeiten sowie Zeitpunkte und Umfang vorgesehener Zwischenauswertungen,
2.5.18 eventuell notwendige Vorsichtsmaßnahmen einschließlich Handlungsanweisungen, wie etwa Veränderungen der Dosierungen,
2.5.19 Kriterien für den Abbruch der klinischen Prüfung sowohl im Einzelfall als auch für die gesamte Prüfung,
2.5.20 Verfahren zur Kontrolle der Einhaltung des Prüfplans,
2.5.21 Anleitung zur Dokumentation der Befunde,
2.5.22 Quellenangaben der verwendeten Informationen, insbesondere der benutzten oder zu benutzenden historischen und bibliographischen Daten.
2.5.23 der Ort (die Orte) der Prüfung sowie die Art der Einrichtung, wo die Prüfung stattfindet.
2.5.24 Name, Qualifikation und Verantwortungsbereich des jeweiligen Arztes für die einzelnen Abschnitte der klinischen Prüfung.
Der Prüfplan muß vom Leiter der klinischen Prüfung unterzeichnet werden.
2.6 Zur Erfassung und Dokumentation der Befunde bei den einzelnen Personen ist ein Prüfbogen zu verwenden, der alle Angaben enthalten muß, die zur fundierten Beantwortung der im Prüfplan formulierten Fragestellungen notwendig sind. Hierzu gehören mindestens Angaben
2.6.1 zur Identifizierung unter Berücksichtigung des Datenschutzrechtes,
2.6.2 Alter, Größe und Gewicht, Geschlecht, wichtige prognostische Faktoren (z. B. Raucher, Diät, bisherige Krankheitsdauer),

2.6.3 eine etwaige Schwangerschaft bei Frauen im gebärfähigen Alter,
2.6.4 Erfüllung der Einschlußkriterien und Nichtvorliegen von Ausschlußkriterien,
2.6.5 Diagnose und Begründung für die Anwendung des Arzneimittels, Zeitpunkt der Diagnosestellung, Kriterien für die Diagnosestellung, Begleitdiagnosen sowie Zeitpunkt der Stellung der Begleitdiagnosen,
2.6.6 Einzeldosis, Tagesdosis, Dosierungsschema und Art der Anwendung des Arzneimittels,
2.6.7 Beginn und Ende (Datumsangaben) der Behandlung und des Beobachtungszeitraums,
2.6.8 alle Begleittherapien und relevante Vortherapien,
2.6.9 Ergebnisse der Messung der Ziel- und Begleitvariablen mit Angabe der Meßzeitpunkte,
2.6.10 unerwünschte Begleiterscheinungen (Art, Zeitpunkt des Auftretens, Dauer, Intensität, Maßnahmen/Folgen, Zusammenhang)
2.6.11 zur Compliance,
2.6.12 Gründe für einen Therapieabbruch,
2.6.13 Gesamtbeurteilung (Wirksamkeit und Verträglichkeit),
2.6.14 Name und Adresse des prüfenden Arztes.
Ein Muster des Prüfbogens ist Bestandteil des Prüfplans.

**3 Durchführung der Prüfung**
3.1 Die Auswahl der für die Prüfung in Betracht kommenden Personen muß sich an den Kriterien des Prüfplans ausrichten. Bei Prüfungen, die besondere Anforderungen an die Repräsentativität der Patientenauswahl stellen, sollen von allen Personen, die den Ein- und Ausschlußkriterien des Prüfplans genügen, Basisdaten erhoben werden.
3.2 Eine klinische Prüfung darf während einer Schwangerschaft oder während einer Stillzeit nur durchgeführt werden, wenn:
3.2.1 das Arzneimittel dazu bestimmt ist, bei schwangeren oder stillenden Frauen oder bei ungeborenen Kindern Krankheiten zu verhüten, zu erkennen, zu heilen oder zu lindern,
3.2.2 die Anwendung des Arzneimittels, nach den Erkenntnissen der medizinischen Wissenschaft angezeigt ist, um bei der schwangeren oder stillenden Frau oder bei einem ungeborenen Kind Krankheiten oder deren Verlauf zu erkennen, Krankheiten zu heilen oder zu lindern oder die schwangere oder stillende Frau oder das ungeborene Kind vor Krankheiten zu schützen,
3.2.3 nach den Erkenntnissen der medizinischen Wissenschaft die Durchführung der klinischen Prüfung für das ungeborene Kind keine unvertretbaren Risiken erwarten läßt und
3.2.4 die klinische Prüfung nach den Erkenntnissen der medizinischen Wissenschaft nur dann ausreichende Prüfergebnisse erwarten läßt, wenn sie an schwangeren oder stillenden Frauen durchgeführt wird.
3.3 Vor Aufnahme in die Prüfung müssen die Patienten beziehungsweise Probanden in die Teilnahme an der Prüfung eingewilligt haben,

nachdem sie über deren Wesen, Bedeutung und Tragweite in verständlicher Form aufgeklärt worden sind. Die Aufklärung muß mindestens folgende Punkte betreffen:

3.3.1 Zielsetzung und Ablauf der Prüfung,
3.3.2 Art der Behandlung und der Zuordnung der Patienten zu den einzelnen Behandlungsgruppen (z. B. Randomisierung),
3.3.4 mögliche Belastungen und Risiken bei einer Schwangerschaft auch für das ungeborene Kind,
3.3.5 zu erwartende Wirkungen,
3.3.6 andere therapeutische Möglichkeiten,
3.3.7 Angebot einer weitergehenden Unterrichtung,
3.3.8 Hinweis auf das Recht, die Einwilligung zur Teilnahme an der Prüfung jederzeit zurückziehen zu können. Der Inhalt der Aufklärung ist dem Prüfplan beizufügen.
3.4 Der Prüfplan muß grundsätzlich eingehalten werden. Ergeben sich zwingende Gründe für eine Änderung des Prüfplans und ist der Abbruch der Prüfung deshalb nicht notwendig, so ist der Prüfplan unter Angabe der Gründe zu ergänzen. Jede Änderung des Prüfplans ist vom Leiter der klinischen Prüfung zu unterzeichnen.
3.5 Eine Verlaufskontrolle der klinischen Prüfung ist durch den Leiter der klinischen Prüfung sicherzustellen. Hierzu dienen Kontrollen der ordnungsgemäßen Durchführung der klinischen Prüfung von Arzneimitteln auf der Grundlage des Prüfplans sowie eine Überprüfung des ordnungsgemäßen kontinuierlichen Ausfüllens der Prüfbögen
3.6 Der Leiter der klinischen Prüfung hat sich fortlaufend über das in der Prüfung befindliche Arzneimittel, insbesondere über auftretende Risiken, gegebenenfalls weltweit zu informieren, um fortlaufend die ärztliche Vertretbarkeit der klinischen Prüfung beurteilen zu können.
3.7 Dem Leiter der klinischen Prüfung sind unverzüglich alle Umstände mitzuteilen, die eine rasche Entscheidung über den Abbruch oder die Unterbrechung der klinischen Prüfung erforderlich machen könnten. Hierunter sind insbesondere alle schwerwiegenden Nebenwirkungen zu verstehen. Schwerwiegende Nebenwirkungen im Sinne des Satzes 2 sind solche Wirkungen, bei denen Gewißheit oder der begründete Verdacht besteht, daß durch sie das Leben bedroht oder die Gesundheit schwer oder dauernd geschädigt wird. Dies trifft insbesondere für Nebenwirkungen zu, bei denen die Möglichkeit besteht, daß sie den Tod zur Folge haben, lebensbedrohlich sind, eine maligne Erkrankung verursachen, angeborene Mißbildungen hervorrufen, bleibende Schäden verursachen oder einer ärztlichen Behandlung, vorwiegend stationärer Art, bedürfen.
Ferner ist das Auftreten unerwartet starker erwünschter Wirkung bei Gabe der in Prüfung befindlichen Dosis zu melden.
3.8 Nach Abschluß der Prüfung sind mit den Prüfungsunterlagen auch die nicht verbrauchten Prüfpräparate und gegebenenfalls die Dekodierungsumschläge an den Leiter der klinischen Prüfung zurückzugeben.

**4 Auswertung und Darstellung der Ergebnisse**
4.1 Nach Abschluß der Prüfung ist ein Bericht zu erstellen, der eine biometrische Auswertung und eine Bewertung der Ergebnisse aus medizinischer Sicht enthält. Dies gilt auch für eine Prüfung, die vorzeitig beendet wurde.
4.2 Die biometrische Stellungnahme muß mindestens beinhalten:
4.2.1 eine statistische Auswertung anhand der im Prüfplan festgelegten Zielvariablen,
4.2.2 eine Dokumentation und Bewertung der bei der Durchführung der Prüfung aufgetretenen Abweichungen vom Prüfplan; dabei ist jeder Ausschluß einer in die Prüfung aufgenommenen Person von der Auswertung zu begründen und kasuistisch zu beschreiben,
4.2.3 Angaben zu allen verwendeten statistischen Verfahren, so daß ihre Anwendung nachvollzogen werden kann,
4.2.4 eine adäquate Darstellung der Zentrumseinflüsse bei multizentrischen Prüfungen,
4.2.5 eine Beurteilung der Aussagefähigkeit der Prüfung aus biometrischer Sicht.
4.3 Die medizinische Stellungnahme muß – unter Berücksichtigung der biometrischen Aspekte – beinhalten:
4.3.1 eine kritische Bewertung, in welcher Weise und in welchem Ausmaß die Zielvariablen, die zum Beleg der Wirksamkeit geprüft wurden, mit dem zu behandelnden Zustand im Zusammenhang stehen.
4.3.2 eine Bewertung der aufgetretenen unerwünschten Begleiterscheinungen und eine Beurteilung ihres Zusammenhanges mit der Gabe des Arzneimittels,
4.3.3 eine Nutzen-Risiko-Abwägung der günstigen Wirkungen gegen die aufgetretenen unerwünschten Begleiterscheinungen,
4.3.4 einen Vergleich von Wirksamkeit und Verträglichkeit des angewandten Arzneimittels mit den untersuchten therapeutischen Alternativen.

**5 Dokumentation**
5.1 Alle bei der klinischen Prüfung anfallenden Unterlagen sind zu dokumentieren und mindestens zehn Jahre nach Abschluß der Prüfung aufzubewahren.
5.2 Die Aufzeichnungen können auch als Wiedergabe auf einem Bildträger oder auf anderen Datenträgern aufbewahrt werden. Bei der Aufbewahrung der Aufzeichnungen auf Datenträgern muß insbesondere sichergestellt sein, daß die Daten während der Dauer der Aufbewahrungsfrist verfügbar sind und innerhalb einer angemessenen Frist lesbar gemacht werden können.

aus BAnz Nr. 243 vom 30. 12. 1987, S. 16617-16618

# Anhang C: Randomisationstechniken

Die Randomisation gehört zu den Grundbedingungen des Experimentierens in den Humanwissenschaften. Die Erstellung vergleichbarer Beobachtungsreihen ist die Grundvoraussetzung für die Durchführung kontrollierter Studien. Beispielsweise ist die nachträgliche Matched-pairs-Bildung ein unbefriedigender Ersatz für Situationen, in denen eine Randomisation nicht möglich ist.

Die Randomisation muß sich dem Prüfplan auf das Genaueste anpassen. Je komplizierter der Prüfplan, desto komplizierter wird auch die Randomisation. Trotzdem bleiben die Grundtechniken dieselben.

Auch die organisatorische Ausgestaltung des Randomisationsvorganges ist im Zusammenhang mit den Randomisationstechniken zu betrachten. Im Anschluß an die Besprechung der Grundtechniken geben wir daher Hinweise zu der sog. Telefonrandomisation und zur Double-dummy-Technik.

Grundsätzlich stehen 2 mögliche Randomisationsgrundformen zur Verfügung: Wir nennen sie die Randomisation von Behandlungsarten zu den Patienten und die Randomisation der Patienten zu den Behandlungsarten. Die Patientenzahlen betrachten wir als begrenzt und im Prüfplan festgelegt. Behandlungsarten können an beliebig vielen Patienten ausgeführt werden. Somit ergeben sich 2 Vorgehensweisen, die mit ihren Vor- und Nachteilen besprochen werden sollen.

**Die Randomisation von Behandlungsarten zu den Patienten**

Zur Randomisation brauchen wir einen Zufallsprozeß bzw. eine Zufallszahlentabelle. Der Zufallsprozeß könnte z.B. die folgende Ziffernfolge liefern:

4 1 9 4 7 9 6 8 8 4

Wenn wir 2 Behandlungsarten den Patienten streng zufällig zuteilen wollen, dann können wir so vorgehen, daß wir den Patienten in der Reihenfolge ihres Eintretens in die Studie diese Ziffern zuordnen und dabei, falls die Ziffer geradzahlig ist, die Behandlung A, falls die Ziffer ungerade ist, die Behandlung B vorsehen. Wir erhalten also die folgende zufällige Reihenfolge von Behandlungen:

A  B  B  A  B  B  A  A  A  A

Dies bedeutet, daß der erste Patient die Behandlungsart A zugeteilt bekommt, der zweite B u. s. w.

Auch wenn der Zufallsprozeß eine gute Qualität hat, gleicht sich die Proportion an geradzahligen und ungeradzahligen Ziffern im Allgemeinen erst auf lange Sicht aus. Im o. g. Falle haben wir 6mal eine gerade Zahl und 4mal eine ungerade. Der Nachteil des Verfahrens ist also darin zu sehen, daß v. a. bei kleinen Stichprobenumfängen, auch erhebliche Ungleichheiten der Stichprobenumfänge in den einzelnen Untergruppen auftreten können.

Der Vorteil dieses Verfahrens liegt darin, daß Arzt und Patient auch dann, wenn die bisher durchgeführten Behandlungsmethoden bei den Vorgängerpatienten schon erkennbar sind, trotzdem nicht vorhersehen können, welche der beiden Behandlungen beim nächsten Fall zufällig gewählt werden wird.

Bei dieser Vorgehensweise ist tatsächlich die Anzahl der Realisation der Behandlungsarten nicht festgelegt, d. h. wieviele Patienten mit einer bestimmten Behandlungsart konfrontiert werden, ist nicht festgelegt. Weil aber Versuchspläne und auch Auswertungsmethoden häufig feste Stichprobenumfänge vorsehen, behelfen sich manche Experimentatoren fehlerhafterweise damit, daß sie die Randomisation „korrigieren". Das führt dann dazu, daß am Ende einer Beobachtungsreihe noch Patienten, sogar u. U. mehrere Patienten, mit dem noch „fehlenden" Behandlungsverfahren hinzugenommen werden. Für diese Beobachtungen liegt dann aber, das muß man sich klarmachen, keine Randomisation vor. Diesen Fehler vermeidet die Randomisation von Patienten zur Behandlungsart.

**Die Randomisation von Patienten zur Behandlungsart**

Für diese Randomisationstechnik benötigen wir einen etwas ausführlicheren Zufallszahlengenerator, der z. B. 5stellige Zufallszahlen liefert. Die einer Tabelle entnommenen 10 Zufallszahlen könnten beispielsweise folgendermaßen aussehen:

80691
19985
63646
04119
32939
00020
85725
58315
11648
10524

Wenn nun genau die Hälfte der Patienten mit der Behandlung A, die andere mit der Behandlung B behandelt werden soll, so ist es am einfachsten, das Auftreten der 5 kleineren Zufallszahlen mit A, die 5 größeren Zufallszahlen mit B zu belegen. Der Median dieser Zufallszahlenreihe liegt in unserem Fall zwischen 32939 und 19985. Alle Werte unterhalb des Medians bedeuten A, alle Werte oberhalb des Medians bedeuten B. Die Zufallsreihenfolge ist in unserem Fall:

B
A
B
A
B
A
B
B
A
A

Diesmal ist die gesamte Reihe streng zufällig. Die beiden Behandlungsarten kommen in der Reihe außerdem gleich häufig vor. Insoweit sind die Bedingungen ideal erfüllt.

Der Nachteil dieser Reihe ist allerdings, daß die Reihe gegen Ende immer durchschaubarer wird, wenn man weiß, welche Behandlungen bisher angewandt worden sind. Dieser Nachteil tritt aber nur dann ein, wenn die vorgesehenen Behandlungen tatsächlich bekannt sind. Wenn Doppelblindbedingungen vorgesehen und eingehalten werden, dann ist dieses Randomisationsverfahren stets vorzuziehen.

**Telefonrandomisation**

Die sog. Telefonrandomisation kommt in unterschiedlichen Spielarten vor. Gemeinsam ist, daß für jeden Patienten an einer zentralen Stelle angefragt werden muß, welche von mehreren vordefinierten Behandlungsarten im Einzelfall anzuwenden ist. Man verfährt dabei in der Regel so, daß der zentralen Stelle mitgeteilt wird, welche Einschlußkriterien und Ausschlußkriterien ein konkreter Patient erfüllt. Falls eine Schichtung vorgenommen werden soll, werden auch die entsprechenden Schichtmerkmale übermittelt. Dann wird in der Zentrale entschieden, ob der Patient überhaupt in die Studie aufgenommen wird und welche Behandlungsform zu wählen ist. Die Zuordnung zu Behandlungsarten erfolgt sinnvollerweise entsprechend einem Randomisationsplan.

Der Nachteil dieses Vorgehens, seine große Aufwendigkeit, liegt auf der Hand. Manchmal sind sogar Tag und Nacht besetzte Telefone erforderlich. Der große Aufwand ist nur dann gerechtfertigt, wenn durch eine andere Technik das Ziel einer optimalen Zuteilung und Randomisation nicht erreicht werden kann.

Die Methode der Telefonrandomisation bietet natürlich auch eine ganze Reihe von Vorteilen. Die wichtigsten sind die folgenden:
1. Auch sehr komplexe Versuchspläne können damit praktikabel werden. Ein Beispiel für die Kompliziertheit von Versuchsplänen kann die gleichzeitige Berücksichtigung von Schichtkriterien, mehreren Behandlungsformen und mehreren Begleitbehandlungsformen (wenn z. B. ein Teil der Patienten zusätzliche Gymnastik erhält) sein. Der Behandelnde wäre manchmal überfordert, wenn er alle diese Gesichtspunkte zusätzlich zu den Problemen, die die Behandlung selbst bietet, korrekt berücksichtigen sollte. Bei multizentri-

schen Studien kann die Telefonrandomisation auch die einzige Möglichkeit sein, einen nicht ganz einfachen Versuchsplan einheitlich in allen Zentren zu etablieren.
2. Wenn vor Ort die Reihenfolge der Behandlungen (der 1. Patient erhält A, der 2. Patient erhält B etc.) bekannt ist, dann kann von einer echten Zufälligkeit bei der Zuordnung von Personen und Behandlungen kaum mehr die Rede sein. Die Möglichkeiten, die Reihenfolge zu ändern, liegen für jeden am Versuch Beteiligten auf der Hand. Wenn keine anderen Maßnahmen ergriffen werden können, kann hier doch wenigstens die Telefonrandomisation noch Abhilfe schaffen.

**Double-dummy-Technik**

Die Undurchschaubarkeit einer Behandlungsfolge kann z. B. dadurch erreicht werden, daß einer experimentellen Behandlung eine völlig gleichartig wirkende Scheinbehandlung gegenübergestellt wird. Das kann die Gegenüberstellung eines neuen Präparates zu einem Plazebo sein. Wenn alle Packungen Nummern tragen und die Medikamente nicht wahrnehmbar verschieden sind, dann ist diese Bedingung erfüllt. Das ist sozusagen eine erwünschte Nebenwirkung der bekannten Doppelblindanordnung, bei der weder Behandelnder und Patient noch Beurteilender die im Einzelfall angewandte Behandlungsart kennen.

Wenn aber die beiden Behandlungen wesensmäßig verschieden sind, also z. B. der Erfolg einer Injektionstherapie und einer oralen Therapie miteinander verglichen werden soll, dann hilft die Double-dummy-Technik: *Jeder Patient erhält scheinbar gleichzeitig beide Therapieformen. Nur ist stets eine Therapieform eine Plazebotherapie.* Die Double-dummy-Technik ist also auch eine besondere Ausgestaltung der Doppelblindanordnung.

Zu beachten ist, daß die Randomisation mit Double-dummy-Technik in manchen Fällen durchaus auch die aufwendigere Telefonrandomisation ersetzen kann und darüber hinaus u. U. auch noch die erwünschten Doppelblindeigenschaften eines Versuchs garantiert.

# Anhang D: Checkliste für die Planung von therapeutischen Studien

**1 Titel des Prüfplans**

**2 Einleitung und Zielsetzung**

- Zielsetzung (im Rahmen der Projektentwicklung)
- Begründung und relevantes Vorwissen
- Charakterisierung der Prüfsubstanzen

**3 Fragestellung**

- Indikation
- Zielgröße(n): Kriterien für den Prüfungserfolg

**4 Patienten**

- Prüfstelle(n) und Anzahl der Patienten
- Einschlußkriterien
- Ausschlußkriterien
- Aufklärung und Einwilligung
- Patientenversicherung
- Ethisches Komitee

**5 Prüfdesign**

- Versuchsanlage als kontrollierte Prüfung:
  Vergleichstherapien
  Schichtung
  Randomisation
  Blindbedingungen
- Nichtkontrollierte Prüfungsanlage

## 6 Prüfpräparate

- Medikation und Galenik
- Dosierung und Applikation
- Verpackung
- Aufbewahrung und Rückgabe

## 7 Prüfungsablauf

- Prüfperioden
- Therapieplan (einschließlich Begleitmedikation)
- Untersuchungsplan
- Ablaufdiagramm

## 8 Meßgrößen und Meßmethoden

- Wirksamkeit, Verträglichkeit
- Präzision
- Richtigkeit
- Objektivität, Validität
- Unerwünschte Begleiterscheinungen
- Compliance
- Störgrößen
- Dokumentation
- Datenerfassung und -prüfung

## 9 Besondere Beobachtungen und Maßnahmen

- Maßnahmen bei unerwünschten Begleiterscheinungen
- Vorzeitiger Abbruch beim einzelnen Patienten
- Notfall-Maßnahmen
- Vorzeitiger Abbruch der gesamten Studie

## 10 Auswertungsplan und Anzahlschätzung

- Statistisches Modell
- Auswertungsziel, zu prüfende Hypothesen
- Sequentielle Auswertungsstrategie oder feste Stichprobengröße

- Adjustierung für multiple Vergleiche bzw. Mehrfachauswertung
- Spezielle Analysen für Multizenterstudien
- Adjustierung für Störgrößen
- Stichprobengröße, *delta*, Teststärke
- Zeitpunkte und Umfang geplanter Zwischenauswertungen
- Ausfallrate, nicht auswertbare Patientendaten

## 11 Organisation

- Logistik
- Zeitplanung
- Verantwortlichkeiten
- Monitoring
- Veröffentlichung(en)
- Anzeige gemäß Arzneimittelgesetz

**MIX**
Papier aus verantwortungsvollen Quellen
Paper from responsible sources
**FSC® C105338**

If you have any concerns about our products,
you can contact us on
**ProductSafety@springernature.com**

In case Publisher is established outside the EU,
the EU authorized representative is:
**Springer Nature Customer Service Center GmbH
Europaplatz 3, 69115 Heidelberg, Germany**

Printed by Libri Plureos GmbH
in Hamburg, Germany